…OGRAPHIE AGRICOLE

DU

…TEMENT DE LA DRÔME

PAR

M. BRÉHERET

…TEUR DÉPARTEMENTAL D'AGRICULTURE

(… du *Bulletin du Ministère de l'Agriculture*)

PARIS

IMPRIMERIE NATIONALE

M DCCC XCVIII

MONOGRAPHIE AGRICOLE

DU

DÉPARTEMENT DE LA DRÔME

PAR

M. BRÉHERET

PROFESSEUR DÉPARTEMENTAL D'AGRICULTURE

(Extrait du *Bulletin du Ministère de l'Agriculture*)

PARIS

IMPRIMERIE NATIONALE

M DCCC XCVIII

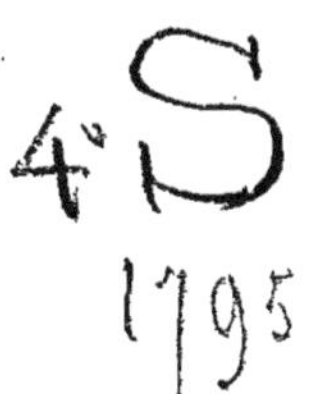

AVANT-PROPOS.

Ce travail a été élaboré à l'occasion de l'établissement de la Statistique agricole décennale de 1892, et les divisions qu'il comprend sont exactement celles du programme qui avait été tracé au corps des professeurs départementaux d'agriculture par la circulaire ministérielle du 11 janvier de la même année.

MONOGRAPHIE AGRICOLE

DU DÉPARTEMENT DE LA DRÔME.

Valence, le 5 janvier 1893.

I. — SOL ET CLIMAT.

Divisions naturelles. — Si, avant d'entrer dans le détail de la situation agricole de la Drôme, on jette un coup d'œil d'ensemble sur le département, on remarque tout d'abord qu'il comprend deux parties essentiellement distinctes : la montagne et la plaine.

Élevée vers l'est jusqu'à une altitude maximum de 2,380 mètres, sa plus grande pente se dirige au couchant et aboutit au Rhône qui, sur 112 kilomètres, le sépare du département de l'Ardèche, en partant de la cote 134 pour le quitter à celle de 55. Aussi peut-on considérer notre circonscription comme un vaste amphithéâtre dont la base serait formée par le fleuve et le sommet par les premiers contreforts des Alpes.

A la vallée du Rhône, qui descend du nord au sud, viennent déboucher celles de la Valloire, de la Galaure, de l'Isère, de la Drôme, du Roubion et du Jabron, de la Berre, du Lez, de l'Aigues et de l'Ouvèze, dont les nombreux sous-affluents sillonnent le massif montagneux et le découpent profondément en tous sens.

Sur une surface totale de 661,637 hectares qu'occupe le département, on peut estimer que 250,000 hectares environ forment la plaine, qui comprend la presque totalité des arrondissements de Valence et de Montélimar; le reste, — près des deux tiers, — constituant la partie montagneuse qui s'étend principalement sur les arrondissements de Die et de Nyons.

Zones. — Au point de vue agricole, la Drôme se divise en trois zones essentiellement distinctes :

1° La zone de *l'olivier*, limitée à quelques communes abritées de la partie basse de l'arrondissement de Nyons;

2° La zone de *la vigne et du mûrier*, qui comprend, outre la précédente, la large bande qui va du Rhône au pied des montagnes;

3° La zone des *pacages et des pâturages*, qui, abstraction faite de la partie située au nord de la rivière de l'Isère, embrasse tout l'est du département.

Néanmoins, les deux premières régions ne sont pas nettement limitées, car les cultures de la plaine remontent souvent assez haut dans les vallées qui s'ouvrent sur le Rhône, contournant les éminences et trouvant là des expositions et des abris qui leur ont permis de s'implanter. Nous ajouterons de plus que, malgré la désignation que nous leur avons donnée, l'olivier, le mûrier et la vigne qui les caractérisent, sont loin d'y occuper une étendue prépondérante.

Caractères climatologiques. — La zone de l'olivier, ainsi que les basses plaines du sud de l'arrondissement de Montélimar, ont le climat chaud et sec de la Provence. L'hiver y est clément et la neige, qui y tombe d'ailleurs assez rarement, y séjourne habituellement peu.

Le reste de la zone de la vigne et du mûrier jouit du climat rhodanien, essentiellement tempéré, tandis que, par contre, on peut rattacher au climat vosgien celui qui, souvent rude, règne dans la plus grande partie de la région pastorale, dont les sommets sont recouverts d'une épaisse couche de neige qui survient dès les premiers froids pour ne disparaître que quelques mois plus tard.

Le vent du nord, connu sous le nom de mistral ou de bise, est froid, pénétrant, énervant, et, sous un ciel sans nuages, souffle assez fréquemment en tempête durant plusieurs jours consécutifs, notamment au printemps. En quelque sorte particulier à la vallée du Rhône, son extrême violence imprime aux arbres une inclinaison des plus marquées, laquelle persiste comme un témoignage de son impétuosité. Souvent aussi il est d'une intensité modérée : c'est partout le courant dominant, car on l'observe à lui seul autant de fois que l'ensemble des vents des autres directions.

Le vent du sud, parfois très violent aussi, est brûlant et accablant en été, lorsqu'il est doux et amène la pluie dans les autres saisons.

En ce qui concerne l'état du ciel, on constate qu'en moyenne, dans le département, il est absolument pur pendant 225 jours de l'année.

Les pluies, rares durant d'assez longues périodes, sont quelquefois très fortes, dégradant les terrains friables des pentes, tout en occasionnant des dégâts sérieux dans les vallées étroites qui ont un énorme volume d'eau à recevoir dans un court espace de temps.

Les relevés météorologiques suivants, qui se rapportent à une même époque, donnent un aperçu plus complet des différences constatées dans les trois régions, quoiqu'il convienne de faire remarquer que la station de Die, la plus élevée dont nous puissions citer les observations, n'est pas à une altitude suffisante pour permettre de montrer exactement ce qui est le climat de la majeure partie de la zone des pacages.

DÉSIGNATION.	NYONS. — Altitude : 277 mètres.	VALENCE. — Altitude : 124 mètres.	DIE. — Altitude : 460 mètres.
Moyenne des maxima mensuels	18°,5	17°,78	16°,1
Moyenne des minima mensuels	8°,0	6°,84	5°,3
Moyenne générale annuelle	13°,25	12°,31	10°,7
Maximum et minimum absolus annuels	36° et — 7°	34°,15 et — 9°,6	31°,8 et — 11°,3
Moyenne de la hauteur de pluie	758mm	698mm	775mm
Nombre moyen de jours de pluie	90	94	87

Caractères géologiques. — La constitution géologique d'un pays étant intimement liée à sa fertilité et à la nature de ses richesses agricoles, nous dirons qu'à peu de choses près, la zone de l'olivier appartient pour une moitié aux terrains jurassique et crétacé et pour l'autre au terrain tertiaire; la zone de la vigne et du mûrier aux terrains tertiaire et diluvien, et la troisième zone au jurassique et au crétacé. D'ailleurs, pour être plus explicite, nous allons donner, en suivant l'ordre naturel, un aperçu sommaire des différentes formations qui se rencontrent dans le département.

Terrain primitif. — Le terrain primitif (granites, gneiss et schistes cristallins) n'existe que dans le nord, le long du Rhône, sur une bande de seize kilomètres de longueur et de deux à trois kilomètres de largeur, qui se rattache manifestement au massif analogue de l'Ardèche. Le granite s'y réduit facilement en arène et donne un terrain léger et chaud et extrêmement favorable à la vigne. C'est sur cet étroit lambeau que sont situés les vignobles les plus renommés de la Drôme : une partie de l'Hermitage s'y trouve comprise.

Terrain jurassique. — Aucune autre formation n'est antérieure au jurassique, lequel n'y est pas même représenté par son étage le plus ancien, le lias, et c'est à peine si on rencontre un affleurement de l'oolithe inférieure.

Par contre, l'oolithe moyenne (callovien et oxfordien) est très développée dans la partie montagneuse située au sud de la rivière de la Drôme. Ces deux zones, à *Ammonites macrocephalus*, à *A. Athleta*, à *A. Lamberti* et à *A. cordatus*, sont intimement unies comme dans beaucoup de localités des Alpes, et elles ont donné lieu à des marnes argileuses, ainsi qu'à des marnes calcaires d'une grande puissance et de couleur noire ou bleuâtre, quelquefois gris jaunâtre.

Les collines dénudées et les profonds ravins qu'elles forment impriment au paysage un cachet très caractéristique et particulièrement triste; aussi ces vastes surfaces presque entièrement déboisées sont-elles les collecteurs naturels de nombreux torrents qui y exercent l'action dévastatrice la plus marquée.

Aux marnes oxfordiennes succèdent d'épaisses assises de calcaires fortement marneux d'abord, ensuite compacts, lithographiques même et enfin bréchiformes, de couleur gris bleuâtre, veinés de filets de spath blanc, qui constituent le jurassique supérieur et comprennent les zones à *Ammonites bimammatus*, à *A. tenuilobatus*, à *A. Loryi* et à *Terebratula janitor*, appartenant au kimméridgien et au tithonique. Leur distribution géographique est la même que celles des marnes précédentes qu'elles entourent comme d'une couronne en les séparant du terrain crétacé.

Les marnes et les calcaires jurassiques n'ont donné que des sols médiocres pour les cultures diverses; la vigne y prospérait cependant avant qu'elle n'eût été envahie par le phylloxéra, et, de son côté, l'olivier permet aussi de les utiliser avec quelque profit.

Terrain crétacé. — Le système crétacé occupe de vastes espaces dans la Drôme. L'infracrétacé comprend, de bas en haut, le néocomien inférieur, l'urgonien ou le néocomien supérieur, l'aptien et le gault, et quant au crétacé supérieur, il est représenté par le cénomanien, le turonien et le sénonien.

Le néocomien inférieur est essentiellement composé de marnes argileuses et de marnes calcaires dont la couleur a la plus grande ressemblance avec celles du terrain jurassique. Des calcaires compacts leur succèdent ou alternent avec elles; ils sont bleus à l'intérieur, jaunes à l'extérieur, déposés en couches de 0 m. 15 à 0 m. 35 d'épaisseur, souvent séparées par des lits friables. Cet étage est très répandu dans la partie montagneuse, et partout où il a été déboisé, — ce qui est malheureusement le cas le plus fréquent, — il ne donne que des terres presque infertiles dont la lavande est souvent le seul produit. De plus, il joue, par rapport aux torrents, le même rôle que celui des marnes oxfordiennes.

L'urgonien, que l'on s'accorde à considérer comme un faciès latéral de l'aptien, est représenté par des calcaires massifs, cristallins ou subcristallins, presque toujours crevassés et fendillés à l'extrême. Il est à peu près exclusivement développé dans la partie de la région montagneuse située au nord de la vallée de la Drôme, où il forme, à des altitudes qui vont de 800 à 1200 mètres, de vastes plateaux ondulés presque entièrement occupés par de magnifiques futaies de hêtres ou de sapins, ainsi que par des pâturages qui nourrissent en été les troupeaux transhumants de la Provence. C'est le pays d'élevage par excellence du département, quoique la culture des céréales, notamment celle de l'avoine, y soit pratiquée avec quelque succès.

L'aptien est formé par des marnes argileuses noirâtres qui peuvent aussi être assimilées à celles du jurassique. Sa distribution est absolument inverse de celle de l'urgonien, car on ne le trouve sur une surface de quelque importance qu'au sud de la vallée de la Drôme; tandis que ce ne sont que des lambeaux insignifiants que l'on rencontre au nord.

Le gault, souvent peu distinct et partout peu développé, mérite cependant une mention spéciale à cause des gisements de phosphate de chaux qu'il renferme. A cet égard, nous dirons que l'enquête faite en 1886 par les soins du ministère des travaux publics évalue à 208 hectares l'étendue approximative des gisements et à 798,000 tonnes la quantité présumée du phosphate, dont la richesse varie entre 20 et 26 p. 100 d'acide phosphorique.

Les terrains formant le crétacé supérieur se présentent sous des aspects variés, tantôt de sables, de marnes argileuses ou de marnes calcaires et même de craies; ils sont presque toujours très pauvres et quelquefois absolument réfractaires à toute culture, sauf à celle des bois. Surtout développés au sud de la vallée de la Drôme, certaines parties montagneuses doivent à ces calcaires leur aspect sauvage et leur infertilité.

Terrain tertiaire. — Si l'on néglige quelques sables rapportés à l'éocène, le terrain tertiaire le plus ancien du département est constitué par un ensemble de marnes argileuses bariolées, de couleurs vives et tranchantes, et de calcaires généralement blancs qui représentent l'étage oligocène. Cette formation, heureusement peu répandue, ne se trouve que dans la partie méridionale de la zone de la vigne où elle a donné lieu à des sols d'une très médiocre fertilité, ingrats et difficiles à travailler.

Les couches miocènes marines, que les belles études de M. Fontannes ont fait connaître en détail, peuvent se diviser, de bas en haut, en molasse calcaire et en molasse sableuse. La première, relativement plus développée dans le sud que dans le nord, est formée de grès calcaires dont la décomposition donne des sols peu profonds, de très médiocre qualité, et essentiellement favorables à la production truffière. La seconde est, au contraire, répandue partout en dehors de la région montagneuse où elle a constitué des terrains légers, dans lesquels de nombreux vignobles indigènes ont été établis avec un succès relatif depuis l'invasion du phylloxéra.

La partie supérieure du tertiaire est formée par des argiles, des marnes bleues, des sables jaunâtres et quelques lits de graviers alternant ensemble, qui appartiennent au miocène supérieur d'eau douce, ainsi qu'au pliocène marin et d'eau douce. Nettement séparés au point de vue géologique, les terrains qui en sont dérivés ont, quant à leur constitution physique, les plus grands rapports, car tout au plus pourrait-on dire que les argiles pliocènes marines sont de meilleure qualité que celles du miocène d'eau douce; et quant aux sables de l'une et de l'autre formation, ils ont beaucoup d'analogie avec ceux de la molasse marine. Le miocène supérieur et le pliocène se rencontrent dans les plaines du département, tant au nord qu'au sud de la vallée de la Drôme.

Terrain quaternaire. — Sous le nom d'alluvions anciennes d'origine alpine se rangent un ensemble de dépôts qui se sont formés dans les vallées du Rhône et de l'Isère, depuis le pliocène supérieur jusque vers la fin du quaternaire. Les caractères physiques de ces terrains sont à peu près les mêmes : ce sont toujours des cailloux roulés de nature siliceuse, parfois plus ou moins altérés et provenant exclusivement des Alpes. Les sols qui en sont dérivés sont généralement de couleur brun rougeâtre; ils sont perméables, s'échauffent facilement et comptent parmi les meilleurs de la Drôme.

D'autres alluvions anciennnes ont constitué les cônes de déjection des rivières et des torrents qui prennent naissance dans les montagnes calcaires de l'est du département. Leurs caractères sont beaucoup plus variables que ceux des alluvions alpines : quelquefois formées de cailloux bien roulés, lorsque ceux-ci ont été charriés par une rivière assez importante, elles sont le plus souvent composées de fragments calcaires plats à angles simplement émoussés. Le degré de fertilité de ces alluvions varie avec leur origine et l'épaisseur de la couche végétale, mais il est toujours moindre que celui des précédentes et parfois même il est presque nul.

Leur distribution géographique est absolument inverse de celle des premières. Localisées dans le nord du département en une bande très étroite qui longe les chaînes subalpines, elles prennent un grand développement vers le sud de la Drôme où elles forment une partie importante des plaines de l'arrondissement de Montélimar.

Terrain postidiluvien. — Il n'y a ensuite que quelques dépôts plus récents : le lehm, les terres de marais et les alluvions modernes.

Le lehm, formé à l'époque glaciaire, est une marne calcaire jaunâtre assez répandue dans le nord du département où elle constitue d'excellentes terres à blé.

Sur certains points, on rencontre des argiles grisâtres déposées au fond d'anciens marais ou qui sont encore des délaissés de rivières. Ce sont, pour la plupart, des sols de mauvaise qualité.

Enfin, là où les cours d'eau ne sont pas encaissés, on trouve le limon et les dépôts divers amenés par les crues, lesquels donnent lieu à des terres profondes, généralement très fertiles.

Caractères agronomiques. — *Composition des terrains.* — Au cours d'une étude récemment entreprise sur l'adaptation des vignes américaines aux divers terrains de la Drôme, nous avons dû nous rendre compte de la composition d'un certain nombre d'échantillons. Nous indiquons ci-après celle de quelques-uns d'entre eux, n'ayant cependant pas l'analyse chimique de tous :

1° *Zone de l'olivier.*

	JURASSIQUE. — LES PILLES.	TERTIAIRE. — VENTEROL.
Eau	1	1
Pierres	36	3
Terre fine	63	96
	100	100
Sur 100 de terre fine :		
Argile	57.87	15.73
Sable	4.62	52.87
Calcaire	37.51	31.40
	100.00	100.00

2° *Zone de la vigne et du mûrier.*

	PRIMITIF. — HERMITAGE.	JURASSIQUE. — AUREL.	CRÉTACÉ — MARSANNE.
Eau	4	20	12
Pierres	19	15	53
Terre fine	77	65	35
	100	100	100
Argile	44.17	35.50	69.00
Sable	55.83	5.25	12.75
Calcaire		59.25	18.25
	100.00	100.00	100.00

	TERTIAIRE.		QUATERNAIRE.	
			Diluvion alpin. —	Alluvions anciennes locales. —
	ROMANS.	GRIGNAN.	SAINT-RAMBERT.	SAILLANS.
Eau	1	1	»	8
Pierres	3	15	2	30
Terre fine	96	84	98	62
	100	100	100	100
Argile	9.95	24.00	44.20	36.50
Sable	68.90	48.75	52.88	10.10
Calcaire	21.15	27.25	2.92	53.40
	100.00	100.00	100.00	100.00

Analyses chimiques d'échantillons provenant de cette zone.

	PRIMITIF. —	QUATERNAIRE. (Vallée de l'Isère.) —	QUATERNAIRE. Diluvion alpin (vallée du Rhône).		
	HERMITAGE.	ROMANS.	SAINT-RAMBERT.	VALENCE.	MONTÉLIMAR.
Azote	0,0910	0,1289	0,0960	0,0961	0,0925
Acide phosphorique	0,1090	0,1112	0,1410	0,1532	0,1046
Potasse	0,2630	0,2329	0,1880	0,2295	0,2176
Chaux	1,5910	0,7028	1,5850	0,4340	3,6960

(Ces chiffres sont rapportés à la terre fine.)

3° Zone des pacages et des pâturages.

	JURASSIQUE. — LUC.	CRÉTACÉ. — VERCLAUSE.
Eau	1	1
Pierres	18	24
Terre fine	81	75
	100	100
Argile	40.25	49.50
Sable	8.63	15.00
Calcaire	51.12	35.50
	100.00	100.00

Analyses chimiques d'échantillons provenant de la formation jurassique.

	MARNE ARGILEUSE. — DIE.	MARNE CALCAIRE. — DIE.	ALLUVION DE LA DRÔME. — DIE.
Azote	0,1631	0,0932	0,1514
Acide phosphorique	0,0114	0,0342	0,0400
Potasse	0,3340	0,2500	0,2000

(Il s'agit ici de terres situées dans une des meilleures parties de la région, les chiffres étant rapportés à la terre fine.)

De ces constatations ressort donc ce fait que, d'une manière générale, nos différents sols sont suffisamment pourvus de potasse, mais qu'ils sont pauvres en azote et en acide phosphorique.

Qualités des terrains. — Dans les vallées de la zone de l'olivier, les terres sont généralement bonnes lorsqu'elles sont irrigables; par contre, celles des pentes sont maigres, ce qui fait qu'en somme l'ensemble n'est que de moyenne fertilité.

La seconde zone, d'aspect plat ou légèrement accidenté, est sans contredit la meilleure des trois; néanmoins, la partie qui comprend tout le sud-est de l'arrondissement de Montélimar est pierreuse, peu profonde, sèche et n'est pas aussi propice que le reste aux cultures variées.

Quant à la vaste zone des pacages, elle ne comprend, à peu d'exceptions près, que des terrains médiocres ou mauvais, lesquels, très pentueux et dénudés pour la plupart, ne donnent que de chétives récoltes. D'ailleurs, l'altitude assez élevée à laquelle ils se trouvent et qui n'est guère inférieure à 500 mètres, contribue aussi à les rendre moins productifs.

Au fond des vallées étroites, où les eaux ont accumulé les parties friables des pentes, se trouvent cependant des sols profonds et assez fertiles, mais qui, bien que souvent compactes et difficiles à travailler, ne jouent que le rôle de petites oasis au milieu d'une contrée aride et désolée. Par rapport à l'étendue totale de cette zone, les terres cultivées n'occupent guère qu'un quart dans les cantons de l'est, et du tiers à la moitié dans ceux qui se rapprochent insensiblement de la plaine.

Moyens d'améliorer le sol. — Dans des situations aussi diverses, les procédés d'amélioration sont nécessairement variables. L'accroissement de l'étendue consacrée aux fourrages, l'entretien d'un plus nombreux bétail, l'emploi d'une plus forte quantité de fumier de ferme et d'engrais chimiques, les labours profonds, le nettoyage des cultures, la reconstitution des vignobles et les plantations fruitières sont assurément les moyens les plus à la portée des cultivateurs. Nous y joindrons la construction de canaux d'irrigation destinés à porter l'humidité dans les garrigues desséchées de l'arrondissement de Montélimar, l'ouverture et l'entretien de nombreux chemins ruraux rendant possible l'exploitation économique d'une foule de terrains situés dans toute la région montagneuse et où les transports se font encore à dos d'homme et de mulet; le reboisement et le regazonnement des pentes.

A ces améliorations directes peuvent se rattacher un certain nombre de mesures qui, dans un avenir plus ou moins rapproché, contribueraient sûrement à rendre l'agriculture plus prospère; telles sont : un programme de l'enseignement primaire dans les écoles rurales plus en rapport avec les besoins des campagnes, la représentation officielle de l'agriculture, l'organisation de nouveaux syndicats et celle du crédit agricole par les associations professionnelles, le nivellement des charges contributives, la réfection du plan cadastral, l'abaissement des droits de mutation dans les ventes immobilières, la réduction urgente du taux de l'intérêt des caisses d'épargne, l'organisation de l'assistance publique dans les campagnes, la répression du vagabondage, etc.

Terres incultes. — Si les terres incultes sont assez rares dans le nord de la zone de la vigne et du mûrier, elles sont plus étendues vers le sud de cette même zone, ainsi que dans celle de l'olivier, pour enfin occuper progressivement une surface considérable dans la région essentiellement montagneuse.

La plupart des terrains incultes sont occupés par des broussailles éparses, des lavandes et quelques truffières naturelles; mais on les utilise surtout au parcours des troupeaux qui y trouvent leur nourriture pendant sept ou huit mois de l'année.

Dans presque aucun cas on ne peut songer à les livrer à la charrue, car ils ne constitueraient que des terres arables de mauvaise qualité dont on a déjà une proportion trop grande.

Aux expositions très ensoleillées, dont l'altitude n'est pas supérieure à 500 mètres, il est parfois relativement facile de créer des truffières artificielles dans ces terrains rocailleux dont la valeur est presque insignifiante, et, d'un autre côté, des semis de lavande créeraient également une nouvelle source de produits.

La vigne pourrait aussi être replantée dans quelques parties abandonnées où elle existait avant l'invasion phylloxérique; mais comme ce ne sont que des sols médiocres, on n'en reprendra possession que lorsque des terrains meilleurs et mieux placés, disponibles aussi eux pour la vigne, auront été occupés à nouveau par le précieux arbuste.

L'altitude moyenne de la grande majorité des terrains vagues ne permet guère d'en retirer autre chose que du bois ou de l'herbe. Partout donc où le rocher nu n'est pas un obstacle, le reboisement et le regazonnement s'imposent, non seulement pour procurer des ressources d'avenir à cette région pastorale, mais aussi pour préserver les vallées inférieures contre la dévastation des torrents.

Il n'y a guère que l'État qui puisse entreprendre une telle amélioration, car la pauvreté des communes et des particuliers fait que ni celles-là ni ceux-ci ne s'engagent volontiers dans un travail qui ne saurait leur procurer un bénéfice immédiat. D'ailleurs, des reboisements isolés nécessiteraient des frais de surveillance considérables pour être garantis jusqu'à l'âge de la défensabilité contre les nombreux troupeaux qui parcourent la contrée.

A cet obstacle majeur il faut ajouter ceux qui résultent de la déclivité des terrains, de leur difficulté d'accès et de leur éloignement des habitations en pays de montagne. Sur d'autres points, et pour la création des truffières artificielles en particulier, c'est l'initiative qui fait défaut; et quant à ce qui concerne la vigne, il y a dans sa reconstitution en terrains arides un aléa auquel les cultivateurs ne s'exposeront pas, tant que les anciennes plantations n'auront pas été refaites dans des situations beaucoup plus favorables à la réussite.

Les eaux. — *Importance et emploi.* — Les eaux ne manquent pas dans les vallées étroites qui descendent des montagnes vers le Rhône, où se réunissent rapidement celles qui tombent sur de vastes espaces dénudés; mais, pour cette raison même, elles sont rares dans toutes les parties élevées. Relativement abondantes dans quelques cantons du nord de la zone de la vigne, notamment depuis la création du canal d'irrigation de la Bourne, elles le sont beaucoup moins vers le sud, c'est-à-dire dans la plus grande étendue de l'arrondissement de Montélimar, là où précisément se trouvent des terrains secs, pierreux, où l'eau produirait des merveilles si elle pouvait y être conduite.

Quoique bon nombre de canaux n'aient pas été spécialement construits pour les besoins de la culture, mais plutôt pour ceux de l'industrie, des droits d'arrosage ont été concédés à titre de servitude d'aqueduc, et les agriculteurs utilisent assez bien à l'irrigation des prairies, des terres arables et des jardins, les eaux dont ils peuvent disposer de la sorte. Il en est de même des eaux des sources qui, ici, sont toujours préférées. Toutefois ce n'est que lentement qu'on se met à tirer parti des ressources nouvelles là où on ne connaît pas depuis longtemps les bienfaits qui peuvent résulter de l'emploi raisonné des eaux.

Sauf sur quelques prairies permanentes, dont la surface est relativement restreinte et où l'irrigation est hivernale, presque partout ailleurs l'arrosage se pratique au cours de la belle saison, les eaux servant par conséquent beaucoup plus pour régulariser l'humidité que comme agent de fertilisation du sol.

Cartes agricoles. — Aucun de ces utiles documents n'a encore été publié sur le département.

II. — CULTURES.

Distribution des cultures. — Ainsi que nous l'avons dit précédemment, l'olivier se trouve cantonné dans quelques parties abritées de l'arrondissement de Nyons, la vigne et le mûrier sur presque tous les points de la vallée du Rhône, de même que dans les vallées transversales, où ils remontent jusqu'à une altitude de 550 à 600 mètres. Toutefois, depuis l'invasion du phylloxéra, l'étendue occupée par la vigne est relativement peu considérable; quant au mûrier, il est généralement planté en lignes espacées dans les terres où sont faites d'autres récoltes, et ce n'est qu'à l'état d'exception que l'on trouve de petits coins qui lui sont exclusivement consacrés.

Les céréales, froment et avoine, n'ont qu'une importance médiocre dans la zone de l'olivier et dans celle des pacages, leur production n'y suffisant pas aux besoins; ce n'est que dans la région de la vigne que leur culture est pratiquée sur une échelle assez large, donnant là un rendement moyen beaucoup plus élevé.

Les prairies naturelles n'occupent quelque étendue que dans la partie nord de la seconde zone; car, à part quelques points de la région montagneuse, il n'y en a qu'une surface restreinte dans la zone des pacages et dans celle de l'olivier.

Les fourrages artificiels, au contraire, notamment la luzerne et le sainfoin, sont très cultivés dans tout le département : la première, dans les terrains profonds et fertiles des vallées, où elle donne d'abondants produits qui sont partiellement exportés vers l'extrême midi de la France; le second, dans les sols plus arides des montagnes ou dans les parties graveleuses et sèches de la plaine qui ne jouissent pas des bienfaits de l'irrigation.

Les plantes sarclées, telles que la pomme de terre, la betterave, la carotte, le maïs, le colza et les choux, n'offrent le plus souvent, sauf parfois pour la première, qu'un intérêt assez secondaire; et quant à la culture fruitière commerciale, principalement celle du pêcher et du prunier, elle n'est l'objet de soins spéciaux que sur quelques points; enfin celles des porte-graines et des légumes, tout en donnant de bons produits, ne sont entreprises que sur une étendue fort minime si on la compare à la surface des terres arables du département.

Assolements. — Les principaux assolements en usage dans les différentes régions de la Drôme sont les suivants :

1° Région de l'olivier. Assolement biennal : céréales et jachère, celle-ci n'étant laissée que sur les terres les moins riches, le reste étant occupé par du sainfoin, des pommes de terre et des betteraves. Dans les parties assez bonnes, on suit l'assolement quadriennal : plantes sarclées, céréales, sainfoin, blé.

La succession des récoltes n'est pas très bien définie dans les terres à l'arrosage.

2° Région de la vigne et du mûrier. L'assolement quadriennal est assez répandu dans les bonnes parties du nord. Souvent aussi, à une luzerne ayant resté un certain nombre d'années sur le sol, on fait suivre deux et même quelquefois trois céréales consécutives, la dernière étant fumée et servant d'abri à du sainfoin et à du trèfle en mélange. On a ensuite : 4e année, sainfoin et trèfle; 5e année, blé ou avoine sans engrais; 6e année, blé; 7e année, plantes sarclées fumées; 8e année, blé ou seigle avec semis de luzerne.

Vers le milieu de cette région, la rotation est ainsi conçue : 1re année, plantes sarclées fumées; 2e, céréales avec semis de légumineuses; 3e, sainfoin ou luzerne pendant plusieurs années, puis deux ou trois céréales consécutives.

Dans les parties moins bonnes on a : 1° plantes sarclées; 2° blé avec semis de trèfle et de sainfoin; 3e et 4e années, fourrages légumineux; 5° blé et quelquefois encore blé ou seigle dans la 6e année.

Enfin les terres les plus maigres du sud de l'arrondissement de Montélimar sont occupées la première année par des céréales et les deux suivantes par du sainfoin.

3° Région des pacages et des pâturages. L'assolement biennal est de beaucoup le plus répandu : 1re année, céréales; 2e année, jachère, une partie de celle-ci étant cependant cultivée en sainfoin, trèfle, pommes de terre ou betteraves.

On suit aussi l'assolement triennal : 1re année, plantes sarclées; 2e année, céréales; 3e année, sainfoin ou trèfle.

L'assolement quadriennal n'y est usité que là où le terrain est d'excellente qualité, ce qui est fort rare dans l'ensemble de cette région.

Variétés cultivées. — Les variétés de plantes le plus fréquemment cultivées dans la Drôme sont celles indiquées ci-après :

Froment. — Touzelle blanche d'Apt, touzelle rouge de Provence, barbu d'hiver ordinaire, seissette de Provence, poulard blanc lisse ou blé buisson et, en petite quantité, les blés de Noé et de Bordeaux.

Avoine. — Commune d'hiver et commune de printemps, à grains noirs ou à grains blancs. On ne sème que la noire de printemps dans la région montagneuse.

Seigle. — Commun d'hiver, trémois ou seigle de mars et quelque peu de seigle de Rome.

Orge. — Commune ou carrée de printemps, Chevalier. Culture d'assez peu d'importance.

Maïs. — Blanc des Landes, jaune gros et quelquefois dent de cheval pour fourrage. Peu cultivé.

Sarrasin. — Gris argenté. On n'en fait que vers le nord du département en culture dérobée, et seulement pour les volailles de la ferme.

Luzerne. — De Provence.

Sainfoin. — Commun à deux coupes, ce dernier dans les bons terrains.

Trèfle. — Violet.

Vesce. — Commune; mais n'est pour ainsi dire pas cultivée.

Pomme de terre. — Early rose, chardon, reine blanche, boule de neige, merveille d'Amérique, institut de Beauvais, magnum bonum, farineuse rouge et quelque peu de Richter. Les quatre premières sont les plus répandues.

Betterave. — Ovoïde des Barres, disette, globe jaune, corne de bœuf (pour l'effeuillement), mammouth, géante de Vauriac.

Carotte. — Blanche à collet vert, blanche des Vosges. Peu cultivée.

Colza. — Commun d'hiver.

Vigne. — 1° à raisins noirs : syrah, mondeuse, durif, sérénèze, gamay, corbeau, peloursin, corbel, étraire, rivier, mourvèdre, grenache, chichaud, alicante-Bouschet, petit-Bouschet, picpoule, paugayen, fauna, passerille, jacquez, herbemont, othello, cynthiana, clinton; 2° à raisins blancs : clairette, marsanne, roussanne, muscat, chasselas.

Mûrier. — Blanc greffé et mûrier sauvage nain, dit pourette, pour le jeune âge des vers à soie.

Olivier. — Verdale, longue noire, corniaou, poumaou, lanet.

Pêcher. — Madeleine rouge, amsden, précoce de Hales, galande pourprée, grosse mignonne, pêches de semis diverses, pavies ou alberges.

Prunier. — Reine-claude, perdrigon blanc ou reine-claude blanche, perdrigon violet.

Noyer. — Commun, surtout, chaberte, tardif de la Saint-Jean, quelques mayette et franquette.

Qualité des variétés cultivées. — Si ces variétés ont été choisies de préférence à d'autres, c'est qu'en général la fertilité du terrain est médiocre sur un grand nombre de points et qu'appropriées au climat, qui est souvent fort rude dans les parties élevées, elles donnent des produits certains en temps normal, lesquels trouvent un écoulement facile sur les marchés de la contrée.

Progrès réalisés dans le choix des variétés cultivées. — Depuis quelques années on peut constater de très sensibles progrès à cet égard dans les parties les plus fertiles du département, surtout si l'on tient compte de la résistance qu'offre, en général, le praticien à toute espèce d'innovation. Les variétés de pommes de terre, de vignes, de betteraves ont été l'objet d'un choix plus judicieux; quelques blés à paille ferme ont été semés, de même qu'on a planté des pêchers donnant des fruits à maturité précoce en vue de la vente, alors qu'ils étaient inconnus il y a dix ans. Mais, dans la région montagneuse, le mouvement ne se dessine qu'avec beaucoup plus de lenteur, quoiqu'on s'aperçoive cependant qu'on attache une importance plus grande qu'autrefois à la qualité des semences, ce qui est l'indice d'un acheminement certain vers la multiplication des variétés susceptibles de donner un rendement plus élevé dans des conditions déterminées.

Procédés de culture. — 1° *Céréales.* La culture des céréales, celle qui de toutes occupe la surface la plus considérable, se fait le plus souvent lorsque la terre a été préparée par deux labours, parfois un seul si la céréale d'hiver succède à une plante sarclée ou à un fourrage, et presque toujours le second est fort léger, servant même à enterrer les semences, dans un certain nombre de cantons.

Dans la zone de l'olivier et dans celle de la vigne, la fumure donnée au froment est d'environ 15,000 à 20,000 kilogrammes de fumier de ferme, quelquefois remplacés par 600 à 800 kilogrammes de tourteaux de colza ou d'engrais chimique approprié; tandis que, dans l'est du département, on n'emploie guère que 8,000 à 15,000 kilogrammes de fumier ou 600 kilogrammes d'engrais chimique, et ce n'est que dans le canton montagneux, mais riche en bétail, de la Chapelle-en-Vercors, que la proportion de fumier dépasse même celle employée dans les plaines.

Dans les meilleurs terrains, la céréale ne reçoit pas toujours directement la fumure, et il en est généralement ainsi pour celle qui suit immédiatement une luzerne ou un sainfoin défrichés. Depuis quelques années, on commence à employer avec succès le nitrate de soude en cours de végétation.

Le froment et le seigle ne se sèment habituellement qu'à l'automne, quelquefois cependant ce dernier l'est au printemps, lorsqu'on veut le faire servir à abriter des semis de luzerne; l'avoine se fait à l'automne et au printemps dans la plaine, mais exclusivement à cette dernière saison dès qu'on arrive au pied des montagnes. Dans tout le département, l'orge se sème au printemps.

Vers l'ouest, c'est-à-dire dans les parties les plus favorisées, les blés de semence sont passés au trieur et lavés dans une solution de sulfate de cuivre, quoique le vitriolage ne soit cependant pas une pratique générale vers le sud. De son côté, la région montagneuse a l'habitude de renouveler ses semences à l'expiration de chaque période triennale, et elle va les prendre dans la vallée du Rhône, sur les marchés de Montélimar et de Pierrelatte, dans le voisinage desquels cette production spéciale jouit d'un certain renom. Elle ne les sulfate pas régulièrement non plus.

Les autres céréales ne reçoivent aucune préparation particulière en vue de les préserver des maladies cryptogamiques.

Les semailles se font généralement à la main, le plus souvent sur labour, mais aussi fréquemment sous raie dans la région montagneuse, ainsi que dans quelques cantons de l'arrondissement de Montélimar, le semoir étant un des seuls instruments perfectionnés qui ne se soient pas encore répandus dans la Drôme, bien qu'on soit satisfait de ceux, fort rares, qui y ont été introduits.

Dans la zone de la vigne, le rouleau de bois est passé sur les céréales à la sortie de l'hiver, le hersage n'étant surtout pratiqué que lorsqu'on y sème des fourrages. Mais, dans la région de l'olivier et dans celle des pacages, là où l'assolement biennal est fréquemment suivi, il n'y a guère que les cultivateurs les plus intelligents qui donnent ces deux façons superficielles. Partout on ne sarcle que très peu et on ne bine jamais.

Diverses améliorations culturales pourraient être réalisées; telles seraient : l'abandon des terrains de médiocre qualité, la suppression des cultures consécutives de céréales, une meilleure préparation du sol, une fumure plus abondante avec le fumier de ferme additionné d'engrais chimiques, l'emploi du nitrate de soude au printemps, la sélection et le triage des semences, la généralisation du sulfatage, l'emploi du semoir, le roulage et le hersage à la sortie de l'hiver, le sarclage à défaut de binage, car le nettoyage préalable du sol par le déchaumage est difficile dans nos terrains secs et durcis, toutes pratiques que le défaut de ressources empêche souvent de mettre à exécution, mais qui accroîtraient cependant la récolte d'un quart, sinon d'un tiers. D'ailleurs on a déjà remarqué que, par le fait de la récente et rapide vulgarisation des engrais chimiques, les rendements s'étaient élevés d'une façon sensible.

La moisson qui, comme les semailles, se fait à des époques variables en raison d'une différence d'altitude de près de mille mètres, s'exécute surtout à la grande faucille dans la région montagneuse, l'emploi de la faux n'arrivant à se constater que dans la partie moyenne, pour devenir d'un usage à peu près général dans toute la plaine. Néanmoins, vers le nord de celle-ci, la moissonneuse-javeleuse et la moissonneuse-lieuse commencent à être utilisées dans les grands domaines.

Liées en gerbes, les céréales sont laissées sur le champ en petits gerbiers, plus rarement en dizeaux, attendant, pour être transportées sur l'aire en grosses meules, que la seconde coupe des luzernes soit achevée.

Dans la zone de l'olivier, le battage se fait au rouleau. Il en est de même dans la plus grande partie de l'arrondissement de Montélimar, tandis que, dans celui de Valence, il se fait à la batteuse à vapeur dans les grandes et les moyennes exploitations, et au rouleau dans les petites. Pour la région montagneuse, le canton de la Chapelle-en-Vercors bat seul à l'aide de la machine à manège; quelques rares batteuses à bras existent dans plusieurs communes, mais la presque totalité des cultivateurs s'y sert du rouleau, employant parfois, dans les parties les plus pauvres, le pied des animaux de travail pour fouler la récolte.

Si le rouleau est employé dans les trois quarts du département, les causes en sont multiples : nombre d'exploitations n'ont qu'une étendue restreinte et les chemins ruraux sont fréquemment insuffisants pour le transport des grosses machines; de plus et surtout, le cultivateur estime qu'en raison de la sécheresse qui ne lui permet pas toujours de labourer le sol en été, il ne saurait employer son attelage et ses bras à un travail plus profitable. Faisant son battage lui-même, il voit une économie dans ce qu'il n'a pas déboursé, et, en outre, comme la paille ainsi battue est plus estimée pour l'alimentation ou la litière, tout cela explique l'usage si répandu de cet instrument primitif.

2° *Fourrages artificiels.* — En ce qui concerne les fourrages temporaires, nous dirons seulement que les luzernes ne sont guère conservées que pendant quatre à cinq ans dans la vallée du Rhône, tandis qu'elles durent, en général, six à huit ans dans les autres régions où on en a moins abusé jusqu'ici. Ce n'est que dans les terrains médiocres que l'on conserve le sainfoin pendant deux ans et demi; ailleurs, il ne reste que dix-huit mois sur le sol, ainsi que le trèfle, en mélange duquel il est fréquemment semé, vers le nord du département tout au moins.

Seule de ces trois fourrages, la luzerne est parfois fumée tous les deux ans, et plus spécialement au moyen d'engrais chimiques phosphatés et potassiques qui produisent d'excellents effets. Souvent aussi elle ne reçoit rien, si ce n'est un hersage et un roulage à la fin de l'hiver, travaux qui sont cependant loin d'être généralement pratiqués. Elle est, de plus, arrosée dans la zone de l'olivier et dans le sud de celle de la vigne, donnant alors jusqu'à quatre coupes, au lieu de trois qu'elle rend dans les conditions les plus habituelles.

3° *Prairies naturelles.* — Les prairies, qui n'existent pour ainsi dire que dans trois ou quatre cantons de l'arrondissement de Valence et dans un seul appartenant à celui de Die, sont en général loin d'être assez souvent et assez abondamment fumées. La plupart sont soumises à l'irrigation et il ne s'en trouve presque pas dans le sud du département si l'eau ne peut être amenée sur le terrain.

4° *Pomme de terre.* — La préparation du sol destiné à la pomme de terre se fait souvent à la bêche dans la petite culture, notamment dans la région montagneuse; ailleurs, elle se pratique à la charrue et ne consiste guère qu'en un labour profond de 0 m. 35 à 0 m. 40, fait au moment de la plantation. Cependant, vers le nord de la zone de la vigne, un fort labour est exécuté au cours de l'hiver et la fumure est enterrée par une œuvre plus légère lorsque les tubercules sont mis en place.

La quantité d'engrais employée est d'environ 10,000 à 15,000 kilogrammes de fumier de ferme dans les parties élevées, tandis qu'on la porte à une moyenne de 20,000 kilogrammes à l'hectare dans la plaine, cette quantité étant parfois plus forte vers le nord du département où le bétail est plus nombreux. Assez fréquemment le fumier est remplacé par 700 à 800 kilogrammes de tourteaux de colza ou d'engrais chimiques.

Les tubercules dont on fait usage sont rarement des semenceaux de choix, et les soins d'entretien dont la pomme de terre est l'objet ne consistent qu'en un ou deux binages, ou en un binage et un buttage. Ce sont là les travaux les plus courants, quoique dans les exploitations bien conduites de la plaine on donne un hersage au moment de la levée, ainsi que deux binages et un buttage ultérieurs. Ajoutons que cette culture est quelquefois irriguée dans la région de l'olivier.

Jusqu'ici, il n'a encore été fait que de rares essais de pulvérisations cupriques en vue de préserver la récolte des ravages du phytophtora, mais ils ont donné des résultats satisfaisants.

Si, à l'avenir, on tenait compte des observations de M. Aimé Girard, en ce qui touche surtout à la sélection méthodique des tubercules de reproduction, il ne nous paraît pas douteux qu'on pourrait arriver à accroître de beaucoup un rendement qui n'atteint qu'une moyenne de dix à douze mille kilos et n'arrive souvent qu'à sept ou huit mille.

5° *Racines fourragères.* — La betterave et la carotte ne sont généralement cultivées que sur une toute petite échelle, c'est-à-dire sur quelques ares seulement dans la plupart des exploitations, et simplement en vue de donner en hiver un aliment aqueux aux troupeaux, aux animaux de travail et aux porcs. Le sol qui leur est destiné est préparé comme s'il s'agissait de la pomme de terre, avec cette différence que la fumure est plus forte d'un quart environ. Les soins se bornent à un éclaircissage et à deux ou trois binages. Ce sont ici deux cultures sans importance sérieuse.

Tubercules et racines sont conservés dans des caves ou des magasins, les silos étant inconnus dans le département.

6° *Colza.* — Le colza ne présente pour ainsi dire aucun intérêt. On ne le cultive ni dans la zone de l'olivier, ni dans celle des pacages, et il n'occupe que quelques coins dans la région qui s'étend du Rhône au pied des montagnes; aussi ne nous appesantirons-nous pas davantage sur lui.

7° *Vigne.* — Si la vigne n'a pas aujourd'hui dans la Drôme toute l'importance qu'elle avait avant l'invasion phylloxérique, c'est cependant sur elle que les plus grands efforts se sont portés depuis dix ans. Presque toutes les anciennes plantations ont disparu, et celles qui ne sont l'objet d'aucun soin particulier ont été récemment faites au nord de la rivière de l'Isère et au sud du département dans les sols légers de la molasse miocène, ainsi que dans les alluvions sablonneuses modernes du Rhône, n'ayant d'ailleurs qu'une durée relative dans ces diverses situations.

Les traitements entrepris à l'aide du sulfure de carbone, sur une surface de 2,200 hectares environ, sont à peu près tous cantonnés dans les terrains graveleux et perméables de l'arrondissement de Valence; ailleurs, ils ont été abandonnés ou n'ont même pas été essayés, car nous devons dire que si quelques résultats sont réellement satisfaisants, l'ensemble n'est que passable, la fumure étant rarement suffisante pour assurer l'efficacité de l'insecticide.

La submersion a été appliquée dans quelques vignobles des vallées de la Drôme, du Roubion, de l'Aigues et de la Véore, mais n'y a pas donné tout ce qu'on avait cru pouvoir en attendre; aussi nous réserverons-nous d'en parler moins succinctement dans le chapitre des améliorations foncières, comme aussi de la reconstitution proprement dite des vignobles au moyen des cépages américains porte-greffes ou de production directe.

Abstraction faite de la présence du phylloxéra, la vigne est généralement l'objet de soins mieux entendus dans le nord que dans le midi du département.

Tandis que, vers le nord, les défoncements arrivent à une profondeur moyenne de 0 m. 60, le même travail ne va qu'à 0 m. 35 vers le sud. Il est effectué le plus souvent sur toute la surface du champ à l'aide de la charrue dans les terrains plans, et à la main dans les coteaux, quoique ce soient aussi quelquefois des fossés ouverts de distance en distance, même lorsque aucune culture n'est faite dans les intervalles des rangées conjointement avec la vigne.

Le nombre de pieds à l'hectare est extrêmement variable suivant les points que l'on considère.

On plante de 2,500 à 4,500 pieds dans le midi de la Drôme, 3,500 à 5,000 dans les plaines du centre et du nord; mais on va jusqu'à 10,000 au maximum dans les coteaux très pentueux où tous les travaux de culture ne peuvent se faire qu'à bras d'hommes. Quant à l'écartement des souches dans un canton donné, il n'est l'objet d'aucune règle; aussi n'est-il pas rare d'y trouver les combinaisons les plus disparates.

La jeune vigne n'est pour ainsi dire jamais fumée, ou au moins fort peu, dans tout le sud du département, lorsque, au contraire, vers le nord ou en remontant la vallée de la Drôme, on emploie, par hectare, 25,000 kilogrammes de fumier mélangé de genêts, de buis, de broussailles, ou encore 2 ou 3 kilogrammes d'engrais de ferme par pied lors de la plantation, portant quelquefois, comme à l'Hermitage, cette quantité à 6 ou 7 kilogrammes. Quant à la fumure d'entretien, qui ne se donne généralement que dans les mêmes vignobles, elle est le plus souvent périodique et ne dépasse pas 15,000 kilogrammes de fumier ou 700 à 800 kilogrammes d'engrais chimiques employés tous les deux ou trois ans.

Les travaux du sol sont principalement exécutés à la charrue et à la houe à cheval dans les plaines, mais entièrement à bras dans les coteaux. Vers le sud, on laboure en mars et en mai, puis on bine en juin et en juillet; tandis qu'en remontant dans le nord, on laboure encore dans le courant de novembre et on fait un troisième binage en été. Ces travaux supplémentaires y sont d'ailleurs facilités par la fixation des pampres à des échalas, plus rarement à des palissades en fils de fer ou à des treillages en bois; tandis qu'aucun support n'est ordinairement donné à la vigne dès que, descendant la vallée du Rhône, on a dépassé les environs de Montélimar.

Sauf pour la syrah et quelques variétés américaines sur lesquelles la taille mixte est pratiquée, la taille à coursons convient à tous les autres cépages locaux.

L'ébourgeonnage est à peu près régulièrement exécuté, mais il n'est cependant pas général, notamment dans le sud, et, à part quelques rognages, c'est à ce seul enlèvement des pousses gourmandes que se bornent les soins qui sont donnés en vert. Il convient cependant de faire remarquer que c'est là où la vigne n'est attachée à aucun support qu'on ébourgeonne assez peu, les vents violents du printemps ayant moins de prise sur les souches où un certain nombre de jeunes rameaux n'ont pas été enlevés.

L'oïdium faisant assez peu de ravages, le soufrage n'est pas d'une pratique courante. Il en est tout autrement du mildew qui, quoique exerçant partout sa funeste influence, sévit particulièrement sur les cépages très sensibles qui constituent le fond des vignobles des arrondissements de Montélimar et de Nyons. On lutte avec succès contre ce champignon et il n'y a plus aujourd'hui qu'un petit nombre de vignerons récalcitrants qui s'attardent pour employer les composés cupriques.

Quoique, sur certains points, la culture de la vigne laisse encore à désirer, surtout en ce qui concerne la préparation et la fumure du sol, le choix des cépages, ainsi que les façons annuelles d'entretien, de sérieux progrès ont néanmoins été réalisés depuis qu'on est entré dans la période de reconstitution. Autrefois, tout le monde en quelque sorte cultivait tant bien que mal le précieux arbuste; aujourd'hui, les nouvelles plantations sont très coûteuses et on ne les entreprend qu'après mûre réflexion, y donnant des soins beaucoup mieux compris. Presque toutes celles qui existent actuellement dans la Drôme appartiennent à des cultivateurs éclairés, en un mot à des hommes d'initiative et de progrès; aussi n'y a-t-il rien de surprenant à ce que la grande majorité soit de mieux en mieux tenue et à ce que les rendements moyens aient sensiblement augmenté. Il n'y a donc qu'à continuer dans la voie ouverte.

8° *Mûrier*. — Plus encore que la vigne, le mûrier a été l'arbre d'or de la Drôme; il est aujourd'hui délaissé et perd chaque jour de son ancienne importance, celle-ci étant à peine égale à la moitié de ce qu'elle était au temps de la prospérité séricicole.

On arrache les mûriers et on n'en replante presque plus, tout en négligeant ceux qui restent. Étant disposés en lignes dans les champs, ils profitent des façons que le sol reçoit pour les récoltes ordinaires, tandis qu'autrefois on se gardait de labourer près d'eux à l'aide de la charrue. Une bande de deux mètres était travaillée à la main, et, en dehors de la zone immédiate de l'arbre, on faisait des cultures sarclées dont une partie de la fumure lui profitait. Quant aux quelques mûriers isolés hors des terres arables ou ceux formant des haies séparatives, ils ne sont plus entretenus.

Lorsqu'on utilise la feuille, la taille se fait tous les trois ans, en mai ou juin, après la cueillette, et un élagage léger est donné chaque année à la même époque dans la période intermédiaire. Dans le cas contraire, malheureusement trop fréquent, où l'on n'en obtient plus que du bois à brûler, on applique la taille d'hiver à des intervalles de trois à quatre ans, mais qui sont aussi quelquefois plus longs.

Il est dur sans doute d'avoir à constater un pareil abandon que, seul, le prix plus rémunérateur des cocons pourrait rapidement faire disparaître; mais aucun indice sérieux, hélas! ne fait actuellement prévoir le retour d'une prospérité durable.

9° *Olivier*. — L'olivier n'occupe dans le département qu'une surface restreinte, non dans la partie où l'altitude est la plus faible, — laquelle se trouve dans la vallée du Rhône exposée à des vents d'une violence extrême, — mais bien dans quelques coins abrités du canton de Nyons et de celui du Buis qui le touche. Hors de là, il n'y a que de rares vergers absolument négligeables.

Les oliveraies comprennent généralement de 150 à 200 arbres par hectare, quoiqu'il y en ait un peu plus dans les anciennes qui sont dès lors trop épaisses. Elles sont pour la plupart soignées d'une façon convenable, mais comportent assez souvent des cultures intercalaires.

Avant l'hiver, les pieds sont buttés; en février-mars, on les dégarnit, fume et recouvre en employant quelquefois de la terre neuve, puis on bine à plusieurs reprises dans le cours de la végétation.

Les soins culturaux étant annuels, la fumure n'est néanmoins appliquée que tous les deux ans en général, et se fait soit avec 30 à 50 kilogrammes de fumier de ferme par pied, soit avec 3 kilogrammes de tourteaux de colza ou encore avec 4 à 5 kilogrammes de morue avariée.

La taille bisannuelle est la plus usitée, les bons cultivateurs enlevant toutefois en juillet-août les pousses gourmandes vigoureuses qui se développent à l'intérieur de l'arbre, et ne négligeant pas de faire disparaître celles qui croissent sur les troncs.

Sans doute que ces excellentes pratiques ne sont pas suivies par la généralité; mais, sauf peut-être l'élagage d'été, toutes les autres le sont par un grand nombre d'agriculteurs, de sorte qu'il n'y a qu'à souhaiter de voir les retardataires suivre la voie tracée par leurs compatriotes plus éclairés.

10° *Arbres fruitiers*. — Quoiqu'il y ait des arbres fruitiers sur un certain nombre de points du département, leur culture commerciale ne joue un rôle appréciable que dans quelques situations particulièrement bien placées qui se rencontrent surtout en dehors de la vallée du Rhône, laquelle, battue par les vents, se prête mal à la production des fruits de choix qui, seuls, ont aujourd'hui quelque valeur.

Sans constituer toujours des vergers proprement dits, le pêcher est principalement cantonné dans la partie moyenne de la vallée de la Drôme, et, de son côté, le prunier est cultivé dans le bassin inférieur d'un petit affluent de l'Aigues, c'est-à-dire qu'ils prospèrent l'un et l'autre au fond de gorges qui sillonnent le massif montagneux du département.

Quelques amandiers, cerisiers, abricotiers, poiriers et pommiers sont plantés çà et là, les uns dans les terrains secs du sud de la zone de la vigne, les autres à la base ou à mi-hauteur de la région des pâturages; mais jusqu'ici tout au moins, et à part quelques exceptions, ils n'ont pas donné lieu à d'importantes spéculations.

Une véritable révolution s'est accomplie depuis dix ans dans la culture du pêcher par le fait de la multiplication rapide de variétés américaines à maturité précoce; d'autre part, les variétés de prunes ont été choisies avec plus de soin, tous les arbres étant d'ailleurs mieux taillés et mieux entretenus, quoiqu'ils soient cultivés en plein vent.

Paris est le plus grand débouché des fruits frais; viennent ensuite : Lyon, Saint-Étienne, Genève, Grenoble, Valence, Avignon, Carpentras, Apt, Marseille et Nîmes. L'expédition en est faite dans des paniers spéciaux, la perfection des emballages étant un des éléments les plus importants pour assurer aux fruits toute leur valeur sur le marché des grandes villes.

La reine-claude est surtout destinée à la préparation des prunes à l'eau-de-vie; mais, avec d'autres variétés, on la transforme aussi en pruneaux, les fruits étant rapidement immergés à plusieurs reprises dans l'eau bouillante pour qu'ils puissent se recouvrir d'une efflorescence blanchâtre qui persiste après leur dessiccation au soleil et leur donne un cachet spécial qui est comme une marque de fabrique.

Si des améliorations profitables peuvent être constatées dans quelques communes de la Drôme du côté de la culture fruitière, il reste néanmoins beaucoup à faire, et c'est ainsi que, conjointement aux pêchers précoces qu'on a presque exclusivement propagés, il convient de planter d'autres variétés méritantes, de manière à échelonner la production sur un plus long espace de temps. Des soins plus méticuleux doivent aussi être apportés aux emballages, pour que les fruits soient susceptibles d'être adressés dans des lieux de consommation plus éloignés.

En outre, il serait utile que les cultivateurs établissent de petites pépinières, afin de propager par elles, avec plus de garantie d'authenticité, les meilleures espèces et variétés fruitières. De la sorte, et en continuant ce qui est commencé, de nouveaux centres de production arriveraient à se créer, et beaucoup de cultivateurs ne seraient pas obligés d'expédier eux-mêmes et de passer, comme aujourd'hui, sous les fourches caudines des commissionnaires et facteurs qui prélèvent le plus clair des bénéfices.

11° *Noyer.* — Le noyer n'a aucune importance dans la zone de l'olivier et il en est de même dans la plus grande partie de celle de la vigne, où le vent serait nuisible à sa fructification. Par contre, il en a une sérieuse lorsque, remontant la vallée de l'Isère, on arrive sur les confins du département. On le trouve aussi au nord, dans la vallée de la Galaure, comme dans celles qui sillonnent la plupart des cantons de la région montagneuse.

D'une manière générale, mais dans cette dernière zone notamment, les noyers ont disparu avec rapidité depuis les hivers de 1870-1871 et 1879-1880, qui les ont souvent affaiblis au point de ne plus leur permettre de porter que de maigres récoltes.

D'un autre côté, en présence des besoins actuels de l'armurerie, la valeur du bois a augmenté, et les propriétaires de cette partie la plus pauvre de la Drôme ont été plus accessibles aux offres du commerce; mais ils n'ont malheureusement pas replanté en proportion de ce qui a été détruit.

Disséminés dans les champs, les façons et les fumures données à ceux-ci leur profitent; avec le nettoyage périodique des branches intérieures, ce sont tous les soins qu'ils reçoivent.

Un nombre relativement petit de pieds sont greffés en variétés de dessert à débourrement tardif; aussi, en présence de la grande diminution que l'on constate dans la consommation de l'huile de noix, est-ce vers la production des beaux fruits que doivent se porter les efforts, si, s'intéressant davantage de l'avenir de ses successeurs, on se décide à faire quelques plantations nouvelles.

12° *Truffe.* — A côté des cultures proprement dites, vient se placer celle de la truffe. Les truffières naturelles, rares dans tout le nord du département, sont, au contraire, communes vers le sud; mais, éparpillées comme elles le sont, ces cépées sont fouillées sans autorisation et sans précaution par des maraudeurs, et elles ne rapportent le plus souvent rien à leurs propriétaires.

Ce n'est guère jusqu'ici que dans un canton de l'arrondissement de Montélimar, celui de Grignan, et dans la zone de l'olivier, que de magnifiques résultats ont été obtenus en consacrant 250 hectares environ de terrains arides et sans valeur à des créations de truffières artificielles qui, au bout d'une dizaine d'années, commencent à rapporter, donnant bientôt plusieurs centaines de francs de bénéfice net à l'hectare. Les cultivateurs qui s'en sont occupés avec intelligence ont trouvé là une véritable source de richesse; aussi de très grands progrès sont-ils à réaliser de ce côté, attendu qu'avec une dépense minime de 50 francs pour la première année et de 20 francs pour chacune des dix suivantes, soit 250 francs par hectare, on pourrait ainsi transformer en sol productif des garrigues rocailleuses dont il est actuellement difficile de tirer autre chose qu'un très maigre pâturage.

Les truffes, dont la valeur totale est d'environ 1,800,000 francs, sont généralement vendues à des négociants qui se chargent de les écouler près des consommateurs ou qui en font des conserves par des procédés spéciaux.

13° *Lavande.* — Bien qu'elle ne soit l'objet d'aucun soin cultural, la lavande, qui croît spontanément çà et là dans la partie moyenne de la région montagneuse, constitue, par l'essence qu'on en retire, un élément de recettes pour quelques cantons. On pourrait certainement la semer en maints endroits presque sans frais, ce qui permettrait de rassembler un grand nombre de touffes sur un même point et de rendre ainsi la récolte beaucoup plus facile.

JACHÈRE. — *Situation présente. Progrès à réaliser.* — Si la jachère n'occupe qu'une surface très restreinte et pour ainsi dire nulle dans toute la zone de la vigne et du mûrier, elle occupe, par contre, un quart à un tiers des terrains labourables de la zone de l'olivier, et du tiers à la moitié des mêmes terrains de la plus grande partie de la zone des pacages, mais seulement pour ceux qui sont situés en dehors des bons fonds des vallées.

Ainsi donc, la jachère n'est exceptionnellement pratiquée dans la plaine que lorsqu'il s'agit de détruire les mauvaises herbes; en montagne, le sol n'est pas travaillé pendant l'année où il reste en repos, laps de temps où il fournit un simple parcours pour le bétail.

Aujourd'hui que la multiplicité des voies de communication rend les échanges plus faciles et la concurrence plus redoutable, il est urgent de ne pas s'attarder dans les errements qui ont eu longtemps leur raison d'être, mais qui ne l'ont plus. A cet égard, il est essentiel d'abandonner résolument les terrains les plus maigres, de semer sur les autres une surface un peu plus grande en sainfoin, s'aidant d'abord des engrais chimiques, si précieux en pareil cas, et d'entretenir un bétail de plus en plus nombreux avec le fourrage dont on pourra disposer. Le fumier, devenant alors plus abondant, permettra d'arriver progressivement à la diminution des jachères.

Dans quelques communes, ce procédé a été mis en pratique avec succès, et, depuis que les engrais chimiques se sont rapidement vulgarisés, il a une tendance prononcée à être suivi par les cultivateurs d'initiative, lesquels sont à peu près les seuls à qui les petites avances nécessaires à une amélioration ne font presque jamais défaut.

Parasites[1]. — *Pertes. Moyens de lutte.* — Les plantes n'accomplissent pas toutes les phases de leur végétation sans être fréquemment attaquées par des parasites végétaux ou animaux; tels sont, parmi les principaux : le charbon, la carie et la rouille pour les céréales; l'oïdium, le mildew, l'antrachnose, le phylloxéra et la cochylis pour la vigne; le phytophtora pour la pomme de terre; la cuscute, le colapse noir ou babotte et le rhyzoctone pour les fourrages artificiels; le dacus ou ver de l'olive, les chenilles, etc.

Sous nos climats, généralement assez secs, les céréales n'ont habituellement pas trop à souffrir; la rouille se montre néanmoins dans quelques bas-fonds et des traces de charbon apparaissent parfois lorsque le sulfatage des semences n'a pas été exécuté, ainsi que cela a lieu dans certaines communes de la région montagneuse et dans quelques autres du sud de celle de la vigne. L'oïdium fait assez peu de ravages; l'antrachnose n'attaque guère que les hybrides Bouschet, le jacquez et divers autres cépages d'introduction relativement récente dans le département; le mildew est beaucoup plus meurtrier; la cochylis n'attaque le raisin que dans le nord de la région consacrée à la vigne, et elle est inconnue dans le midi. La maladie de la pomme de terre est assez fréquente dans la zone montagneuse où on cultive surtout les variétés tardives, tandis qu'elle est beaucoup moins à redouter dans la plaine où on multiplie les variétés précoces dans une plus large proportion. La cuscute ne donne pas lieu à de graves plaintes et on tend à prendre plus de précautions lors de l'achat des graines; la babotte et le rhyzoctone de la luzerne ne causent pas non plus de pertes sérieuses. Le ver de l'olive détruit une récolte sur six et les ravages des chenilles ne sont ordinairement pas considérables, de même que ceux du ver blanc.

Si on met à part les dégâts occasionnés par le mildew, lequel peut anéantir jusqu'aux quatre cinquièmes de la récolte lorsqu'on n'applique aucun préventif et le dixième même en traitant, ainsi que ceux de un sixième qui sont le fait du ver de l'olive, on peut estimer, en année normale, à un douzième environ de l'ensemble de toutes les autres récoltes les pertes subies par les agriculteurs du département.

[1] Il a déjà été parlé du phylloxéra à propos de la culture de la vigne, et il en sera de nouveau question dans le chapitre VII.

Quant aux moyens employés pour combattre les parasites, les principaux consistent dans le sulfatage des semences de froment et dans les pulvérisations cupriques contre le mildew. Le soufrage des vignes en vue de les préserver de l'oïdium, qu'on ne redoute pas beaucoup d'ailleurs, n'est qu'irrégulièrement pratiqué; et, d'un autre côté, si quelques cultivateurs font des badigeonnages énergiques pour défendre leurs vignobles des atteintes de l'antrachnose, bien peu chassent la cochylis, détruisent la cuscute, essayent de garantir la pomme de terre de la maladie ou de lutter contre les autres affections parasitaires.

Vente des produits. — *Marchés. Mercuriales.* — La récolte ne met pas un terme aux préoccupations des agriculteurs, car il leur faut encore vendre les produits qu'ils ont obtenus.

La région de l'olivier porte presque toujours ses denrées sur les marchés où elle rencontre des courtiers et des marchands à qui elle les cède, vendant peu aux consommateurs qui n'ont pas besoin de s'approvisionner directement de la petite quantité de fruits spéciaux qui peut leur être nécessaire.

Dans la zone de la vigne, le vin et la vendange sont presque seuls vendus aux consommateurs; les fourrages, les grains et les cocons le sont aux marchands ou filateurs, les courtiers n'achetant guère que ces deux derniers produits.

Dans le nord, les petits producteurs seuls conduisent aux marchés presque tout ce qu'ils ont à vendre; mais, dans le sud, les blés de semence et les pommes de terre y sont aussi transportés par les moyens et les grands.

En ce qui la concerne, la région montagneuse vend fréquemment aux consommateurs et à des marchands, moins souvent à des courtiers : on n'y conduit que rarement les produits végétaux sur les marchés.

Partout, les bestiaux sont amenés dans les foires où vendeurs et acheteurs se rencontrent.

Bien que la loi de l'offre et de la demande soit le grand régulateur des cours, nous pouvons cependant dire que, sauf pour les menues denrées, ceux-ci sont plutôt fixés par les acheteurs que par les vendeurs. Les principales bourses de commerce centralisent de nombreux renseignements publiés dans des organes spéciaux; l'agence Arthaud envoie des dépêches qui sont affichées dans les établissements publics où s'opèrent les transactions, et les prix locaux sont le plus souvent communiqués à la presse par des courtiers qui, parfois, les modifient dans un sens ou dans un autre, selon qu'ils ont intérêt à les majorer ou à les diminuer. C'est ainsi que, de marché en marché et de foire en foire, ils arrivent à la connaissance des producteurs, lesquels, dans la Drôme tout au moins, ne contribuent jamais à les établir.

Souvent aussi, en raison de l'insuffisance du fonds de roulement, les ventes ne s'effectuent pas au moment où les prix pourraient être plus avantageux.

III. — ANIMAUX.

Races et variétés. — Si le département possède de vastes étendues couvertes de maigres pâturages, il n'en a, par contre, que fort peu qui se prêtent à l'élevage des tout jeunes animaux des espèces chevaline, mulassière et bovine. De là résulte ce fait, qu'il n'a point de race spéciale de gros bétail et que presque tous les sujets qui y sont entretenus ont été importés par le commerce. Seuls, les moutons et les porcs, qui se reproduisent dans le pays, appartiennent à des races autochtones ou à leurs croisements.

Si l'on excepte quelques rares poulains et pouliches, issus de 15 étalons de l'État et dont le nombre, d'après le dernier rapport mis sous les yeux du Conseil général par M. le directeur du dépôt d'Annecy, n'a été que de 308 au printemps 1892, ainsi que ceux engendrés par les onze étalons particuliers autorisés à faire la monte en 1891, les chevaux annuellement nécessaires viennent surtout de l'Auvergne et de la Bretagne, quelques-uns seulement étant tirés du Perche.

Les forts types de mulets et de mules nous arrivent directement du Poitou, tandis que les petits sont nés dans le Puy-de-Dôme, la Haute-Loire, la Savoie et quelquefois la Franche-Comté, un nombre véritablement infime d'animaux mulassiers étant originaires de la Drôme elle-même.

Quant aux bovins, la plupart d'entre eux appartiennent à la variété d'Aubrac ou sont des métis du Mézenc, le reste comprenant des animaux de la Tarentaise et du Villars-de-Lans, quoiqu'on rencontre cependant parfois quelques rares représentants de la race charollaise.

L'espèce ovine, nombreuse dans le pays, appartient à une race indigène connue sous le nom de race de Sahune, de Saint-Nazaire-le-Désert, de Valdrôme ou du Quint, localités qui se trouvent dans la région des pâturages du département.

L'espèce porcine est représentée par la race dauphinoise noire ou blanche et par les croisements yorkshire ou berkshire.

L'espèce caprine est nombreuse, elle aussi, mais n'a rien qui mérite de fixer particulièrement l'attention.

L'espèce asine, figurée par le petit type d'Afrique, ne constitue qu'un bétail en quelque sorte accessoire et ne donne point lieu à d'importantes spéculations; aussi ne nous en occuperons-nous pas davantage.

Caractères. — Le gros bétail n'étant, à peu de choses près, constitué que par des animaux d'importation, il ne nous paraît pas utile d'en décrire les caractères, lesquels seront mieux à leur place dans les rapports concernant leurs départements d'origine.

Quant à ceux des moutons et des brebis, ils sont les suivants : taille moyenne, tête petite et bien découverte, joues plates, chanfrein très légèrement busqué, laine fine peu abondante; le poitrail, le dessous du ventre et les jambes, à partir du genou et du jarret, en sont dépourvus; peu ont des cornes.

Le porc indigène, dont la robe est noire, blanche ou encore mélangée, a le corps allongé et est haut sur jambes; il a le museau effilé et les oreilles tombantes. Difficile à engraisser, il disparaît rapidement, même des situations qui ne sont que passables, pour être remplacé par des croisements dont les formes moins anguleuses se rapprochent de celles des porcs anglais et qui utilisent beaucoup mieux la nourriture qu'ils consomment.

Qualités et défauts. — Relativement aux qualités et aux défauts du bétail de la Drôme, nous dirons que les chevaux auvergnats sont petits, de formes peu harmonieuses, lents mais rustiques, sobres et s'adaptant bien aux ressources ainsi qu'à la configuration topographique et aux climats du pays. Les bretons sont plus exigeants; mais comme ils sont mieux conformés, ils se vendent plus facilement. Il en est de même des animaux du Perche qui sont un peu plus forts.

Les mules et mulets du Poitou sont robustes, pesants, bien membrés et préférés dans la plaine où ils acquièrent une plus grande valeur. Ils sont toutefois moins rustiques que les petits mulets d'Auvergne, de Savoie ou de Comté, qui peuplent la région montagneuse. Les mules valent mieux que les mulets, mais assez souvent elles sont méchantes.

Les bœufs du Mézenc et d'Aubrac (Haute-Loire, Ardèche, Aveyron et Lozère) sont petits, osseux, étroits de derrière et donnent un faible rendement à l'étal; ils sont bons pour le travail, rustiques, mais quelquefois assez difficiles à engraisser. La race du Villars-de-Lans est meilleure pour le travail que pour le lait et l'engraissement. Les tarins, qui ont réellement des aptitudes multiples au travail, à la production du lait et à l'engraissement, sont préférables pour un grand nombre de points; et quant aux charolais, leurs exigences font qu'ils ne peuvent être appropriés chez nous qu'à des situations tout à fait exceptionnelles.

Ce ne sont généralement d'ailleurs que les mauvais animaux qui nous arrivent, et qu'il est relativement facile d'écouler dans un pays où la plupart des cultivateurs ne sont pas familiarisés avec l'idéal de la bonne conformation du bétail.

Quoique un peu hauts sur jambes et souvent serrés de la poitrine, les ovins ont une conformation qui, dans l'ensemble, laisse beaucoup moins à désirer que celle de l'espèce porcine. Ils sont sobres, s'accommodent de toute nourriture, qui est rare mais très nutritive et aromatique sur les montagnes où ils paissent. Dans la plaine, où le fourrage est plus abondant, ils acquièrent beaucoup d'embonpoint. Les brebis sont très laitières, très prolifiques, donnant assez fréquemment des doubles et même des triples portées.

Ainsi que nous l'avons dit, les porcs dauphinois sont mauvais, grands, efflanqués, osseux, tardifs et difficiles à engraisser. Les croisements yorkshire et berkshire, qui se sont beaucoup répandus depuis quinze ans, sont bons et réussissent bien. On les préfère aux porcs indigènes et surtout aux races anglaises pures qui sont peu fécondes, la vente des porcelets étant importante pour certains cantons.

Aire occupée par les différentes races. — Les chevaux auvergnats sont entretenus dans tout le département; les bretons et les percherons, à peu près exclusivement dans l'arrondissement de Valence et le nord de celui de Montélimar, ainsi que les mules et mulets du Poitou, ceux d'Auvergne, de Savoie ou de Comté étant communs partout ailleurs, sauf dans la meilleure partie de la région montagneuse, qui comprend le Vercors et le Royannais et où il n'existe que fort peu d'animaux mulassiers.

Le bétail bovin est particulièrement entretenu dans le nord-est du département, entre les limites de l'Isère et une ligne partant du Rhône, à l'extrémité nord, pour se terminer à Die, au pied des montagnes du Vercors. Il est rare sur les autres points; car, pour donner une idée de ce qui y existe, il nous suffira de dire que plusieurs cantons du sud, comme du reste de la région montagneuse, ne comptent pas une moyenne de vingt vaches.

L'espèce ovine est relativement peu nombreuse dans la partie occupée par le bétail à cornes; mais elle devient prépondérante dans le reste du département. Quant à l'espèce porcine, elle est disséminée dans toutes les régions.

Races perfectionnées. — A part les étalons de l'État qui viennent faire la monte chaque année, il n'existe dans la Drôme, en fait d'animaux perfectionnés, que quelques béliers et brebis southdown, ainsi qu'un très petit nombre de bêtes porcines pures des races yorkshire et berkshire, qui tous sont dans la possession d'éleveurs de l'arrondissement de Valence.

Importance proportionnelle de chaque race. — Bien qu'il soit assez difficile de préciser sur une semblable question, nous croyons ne pas nous écarter de la vérité en donnant l'indication suivante :

Espèce chevaline....	Chevaux auvergnats	75 p. 100.
	Chevaux bretons	20
	Chevaux percherons	5
Espèce mulassière...	Mules et mulets du Poitou	25
	Mules et mulets d'Auvergne, de Savoie et de Comté...	75
Espèce bovine......	Bétail bovin de Mézenc et de l'Aubrac	90
	Races de la Tarentaise, du Villars-de-Lans, du Charollais, etc.	10
Espèce ovine.......	Espèce ovine de Sahune, de Saint-Nazaire ou du Quint	95
	Southdown et leurs croisements	5
Espèce porcine.....	Porcs dauphinois	50
	Croisements anglais	50

Effectifs. — A cet égard, il ne nous est possible d'indiquer des nombres réels que pour les espèces chevaline et mulassière, en citant le relevé du recensement effectué en 1892 par les soins de l'autorité militaire (service de la mobilisation).

Ces effectifs s'établissent ainsi :

Chevaux entiers	2,638	18,722
Chevaux hongres	10,667	
Juments	5,417	
Mulets	8,243	15,828
Mules	7,585	

Il convient de faire remarquer que ces animaux ne sont pas exclusivement employés par l'agriculture, et que les particuliers, ainsi que le commerce et l'industrie, en possèdent un certain nombre.

Relativement aux autres espèces, nous ne pouvons fournir pour l'ensemble des chiffres précis. Nous dirons seulement qu'une exploitation de 20 hectares comporte, en général, les animaux suivants : 1° *région de l'olivier,* 3 chevaux ou mulets, 30 moutons, 2 à 4 porcs; 2° *région de la vigne,* 4 chevaux ou mulets, 40 moutons et brebis, 8 à 10 porcs, ou encore 4 chevaux ou mulets, dont 2 poulains, 1 paire de bœufs, 2 vaches, 1 truie et 2 ou 3 porcs à l'engrais; 3° *région des pacages,* 2 chevaux ou mulets, plus une paire de bœufs pendant la belle saison, 50 moutons ou brebis, 1 ou 2 porcs et 3 à 5 chèvres; mais on a fréquemment 4 bœufs, 2 chevaux, plus un troupeau dès qu'on se rapproche de la plaine, au moins vers le nord. Dans le Vercors, qui forme la meilleure partie de cette région, on a 4 bœufs, 2 vaches, 4 à 6 jeunes bêtes, 1 cheval ou 1 jument, 15 à 20 brebis, 3 porcs et 2 chèvres.

Élevage et entretien. — *Procédés d'élevage.* — A de rares exceptions près, on ne fait pour ainsi dire naître ni chevaux ni mulets dans le département. Ces animaux sont généralement achetés entre l'âge de 6 et de 18 mois à des marchands qui sont allés les chercher dans leur pays d'origine, le rôle des cultivateurs se bornant à les élever en leur faisant exécuter quelques légers travaux jusqu'à l'âge de 4 ou 5 ans, où on les revend pour l'extrême midi de la France, l'Espagne, l'Algérie et la Tunisie, le séjour sous un climat intermédiaire rendant la transition moins brusque pour eux. Néanmoins, dans quelques cantons du sud de la Drôme, on les garde souvent très longtemps, ne les remplaçant que lorsqu'ils sont trop âgés pour continuer à faire les travaux de la culture.

Même dans les deux ou trois seuls cantons où les vaches sont relativement nombreuses, les naissances ne suffisent pas pour combler les vides, et, comme ailleurs, on y achète de jeunes bœufs de 2 à 3 ans qui proviennent surtout des montagnes de l'Ardèche. Ces animaux travaillent pendant deux ans environ et sont engraissés ensuite; mais ils ne sont pas toujours en paires, et c'est ainsi qu'on n'a quelquefois qu'un seul bœuf dans les petits domaines de la partie méridionale.

Par contre, les animaux des espèces ovine et porcine sont élevés et engraissés dans le département.

La région montagneuse fait naître beaucoup d'ovins. La plupart des jeunes sont vendus à l'état d'agneaux vers l'âge de 2 à 3 mois et demi, le reste étant conservé pour être engraissé à 1 an et surtout à 2 ans. A l'entrée de l'automne, en raison du manque de ressources fourragères, on se débarrasse des brebis déjà âgées et de quelques moutons qui vont utiliser les dernières herbes des régions de la vigne et de l'olivier et où ils sont engraissés dans le cours de l'hiver; mais on en rachète lors du retour de la belle saison.

Les cultivateurs de la vallée du Rhône hivernent généralement un troupeau qui leur appartient en propre, mais ils l'entretiennent aussi parfois pendant la mauvaise saison à un prix fixé à tant par tête. Certains d'entre eux ont cependant un troupeau durant toute l'année, et, comme leurs collègues de la montagne, ils livrent un grand nombre de jeunes agneaux gras à la boucherie locale ou à des marchands qui les expédient surtout à Lyon, à Saint-Étienne et dans le département de Vaucluse.

Les porcelets naissent principalement dans la région de la vigne et du mûrier. Ils sont vendus vers l'âge de deux mois et conduits dans la partie montagneuse, ainsi que dans l'Ardèche où se trouvent beaucoup de situations analogues.

L'espèce ovine est surtout reproduite par sélection, car on s'attache à conserver les plus beaux béliers et on élimine, d'autre part, les brebis dont les défauts sont trop accentués. Il se fait aussi quelques croisements industriels avec le southdown. Dans l'espèce porcine, le croisement et le métissage sont les principales méthodes employées; néanmoins, d'une manière générale, la reproduction n'est pas l'objet de soins raisonnés, et les cultivateurs, qui sont souvent plus commerçants qu'éleveurs véritables, ne sont pas encore arrivés à saisir toute l'importance du bon choix des procréateurs.

Époques des naissances. — Les quelques juments poulinières de la Drôme mettent bas d'avril à fin mai; les veaux naissent à toute époque, mais principalement au printemps; la grande partie des agneaux en mars-avril pour la première portée, et en septembre-octobre pour la seconde; mais quelquefois de novembre à février, comme dans le sud du département. Quant aux gorets, ils naissent en toute saison, notamment à la sortie de l'hiver, en mars-avril, et au commencement de l'automne, en septembre-octobre. En ce qui concerne l'espèce ovine, la seconde portée est peu importante à la montagne où on ne conserve que quelques mères pendant l'hiver. Elle a lieu dans la plaine, les brebis étant descendues en état de gestation pour remonter de même au printemps et mettre alors bas dans la zone des pâturages.

Régime alimentaire. — Dans la presque totalité des cas, le rationnement du bétail ne repose sur aucune règle, de sorte que, pour la plupart des espèces vivant dans des situations très diverses, il serait extrêmement difficile de fournir des indications ayant un caractère suffisant de précision.

Néanmoins nous dirons à cet égard que le régime des chevaux et des mulets a pour base les fourrages artificiels et le foin de pré, dont ils reçoivent 10 à 15 kilogrammes par jour. On ne leur donne pour ainsi dire pas de grains en temps ordinaire, mais seulement 2 à 3 kilogrammes d'avoine au moment des grands travaux ou lorsqu'ils font des charrois. Quelquefois même, en région montagneuse, une petite quantité de paille entre dans la ration d'hiver.

L'espèce bovine reçoit des fourrages verts, du foin et des fourrages secs de qualité inférieure, lesquels sont mélangés en hiver à de la paille, à des racines et à des balles de céréales. En outre, les vaches consomment des herbes cuites et sont envoyées au pâturage.

Les moutons et les brebis sont exclusivement entretenus au pâturage pendant toute la belle saison, notamment en montagne; mais là où, dans la plaine, on entretient un troupeau à l'année, on donne quelque peu de nourriture à la bergerie en été, car il n'est pas toujours possible, à défaut de terrains vagues, de le conduire dans les champs en culture. Au cours de la mauvaise saison, les animaux reçoivent de menus fourrages secs, de la paille, des feuilles de mûrier, quelques racines, ainsi que des branches sèches de chêne ou d'olivier récoltées avec leurs feuilles dans le mois de septembre.

Les porcs sont quelquefois conduits au pâturage en été; mais leur nourriture se compose habituellement d'herbes, de petites pommes de terre et de racines cuites, de déchets de cuisine, de litière de vers à soie fraîche ou conservée, de feuilles de mûrier bouillies, enfin de son et de farine de maïs lors de l'engraissement.

Dans la Drôme, la stabulation ne constitue pas un régime à proprement parler, les cultivateurs s'attachant à ce que le bétail de rente vive dehors le plus longtemps possible; mais lorsque, par suite de mauvais temps ou de toute autre circonstance, les animaux de travail séjournent à l'écurie ou à l'étable, leur ration est réduite d'un quart environ, ou encore ils ne reçoivent que du foin et de la paille mélangés. En hiver, la ration est toutefois complète pour l'espèce ovine, car c'est la seule époque où les troupeaux restent en permanence à la bergerie pendant plusieurs mois.

Les moutons et les brebis vivent dehors durant une période d'environ neuf mois, soit du 1er mars au 1er décembre, dans la zone de l'olivier; pendant huit mois, soit de fin mars à fin novembre, dans celle de la vigne; et sept à huit mois, suivant l'altitude, soit d'avril à novembre, dans la région montagneuse. Les troupeaux transhumants, qui comprennent 25,000 à 30,000 têtes, restent quatre à cinq mois dans le pays.

Quant aux bêtes à cornes, elles ne sont conduites au pâturage que pendant cinq mois, du 1er juin au 1er novembre, dans les bonnes pelouses non fauchables, ou de juillet à décembre dans les prairies élevées de l'est du département. Dans la plaine, les vaches y vont à l'automne et pendant l'hiver, durant trois heures par jour, lorsque le temps le permet.

Travail. — Les mules et les mulets, ainsi que les bœufs et les vaches, celles-ci étant quelquefois attelées, commencent à travailler vers l'âge de 18 mois à 2 ans, les chevaux entre 2 ans et 2 ans 1/2. Les chevaux et les mulets travaillent pendant huit à dix heures par jour et les bœufs pendant huit, les uns et les autres en deux reprises.

Engraissement. — Les bœufs sont surtout engraissés entre l'âge de 6 à 8 ans. Lorsque les semailles d'automne sont achevées, l'engraissement se fait à l'étable en ajoutant des tourteaux ou des farineux à la ration ordinaire. Il n'est généralement pas poussé bien loin.

Les agneaux sont gras à 3 mois, les moutons à 2 ans, les brebis entre 4 et 6 ans, et les porcs entre 1 an et 18 mois.

Lorsqu'ils rentrent à la bergerie, les agneaux, logés à part, reçoivent un petit supplément d'herbes fines, de regain, de feuilles de luzerne et de grain; les moutons et les brebis sont engraissés dans les meilleurs pâturages des parties les plus élevées de la région montagneuse; ailleurs, suivant un système mixte, mais le plus souvent à la bergerie en hiver, de décembre à avril. Là cependant où, dans les bonnes situations de la plaine, on a un troupeau permanent, on engraisse en toute saison, de sorte qu'en raison des différences d'altitude, il y a des transitions ménagées qui font que, sur un point ou sur un autre, les ovins gras ne font jamais défaut.

Spéculations laitières. — A part deux ou trois cantons du nord-est de la Drôme, les vaches laitières ne donnent lieu à aucune spéculation qui vaille la peine d'être signalée, car la plupart du temps on n'en entretient que quelques-unes dans les environs des villes et des villages, de nombreuses communes du sud n'en possédant même pas. Elles rendent de 1,500 à 2,000 litres de lait qui est consommé en nature en dehors des trois cantons auxquels nous venons de faire allusion, et où il est transformé en beurre et en fromage.

Livraison à la boucherie, poids et rendement. — Livrés à la boucherie à l'âge que nous venons d'indiquer comme étant celui de la fin de l'engraissement, les vaches ne l'étant toutefois que vers 10 à 12 ans, les animaux donnent lieu aux constatations suivantes :

ANIMAUX.	POIDS MOYEN EN VIE.	RENDEMENT MOYEN EN VIANDE NETTE.	PROPORTION P. 100 KILOGR. DE VIANDE NETTE EN VIANDE		
			de 1re qualité.	de 2e qualité.	de 3e qualité.
	kilogrammes.	p. 100.	kilogrammes.	kilogrammes.	kilogrammes.
Bœuf	550	52	25	30	45
Vache	425	47	20	25	55
Agneau	20	45	20	35	45
Mouton	40	44	22	33	45
Brebis	88	37	20	30	50
Porc [1]	130	66	30	15	55

[1] Pour le porc, il y a 15 p. 100 en sus de la viande nette, lesquels sont représentés par la tête, les poumons, le foie, les pieds et les intestins vides.

Améliorations réalisables. — Dans leurs grandes lignes, les pratiques suivies dans la Drôme pour l'élevage du gros bétail sont justifiées par le peu de prairies permanentes qui ne permettent pas l'entretien de tout jeunes animaux de travail, à qui la liberté est nécessaire. De leur côté, les maigres pâturages de la montagne ne conviennent qu'à l'espèce ovine. En raison des variations climatologiques, il y a d'assez grandes fluctuations dans la production fourragère, et les cultivateurs doivent fréquemment augmenter ou diminuer leur cheptel; aussi, d'une manière générale, les risques qu'ils courent sont-ils beaucoup moins grands en opérant comme ils le font.

Dans maintes situations, on pourrait cependant avoir un plus petit nombre d'animaux et les mieux entretenir tout en retardant l'époque du dressage, cela en augmentant l'étendue cultivée en fourrages par l'extension corrélative des canaux d'irrigation. Un rationnement méthodique serait désirable; il conviendrait également de choisir plus judicieusement les reproducteurs dans les races locales et de multiplier les croisements industriels avec le southdown, tout en continuant ce qui est commencé pour l'espèce porcine. Il serait encore à souhaiter qu'à l'exemple de ce qui se passe dans l'Isère, des associations fussent organisées pour l'acquisition en commun de types améliorateurs; et, dans un ordre d'idées sensiblement analogue, il serait bon également de chercher à acheter et à vendre directement les chevaux et les mulets en se passant des intermédiaires qui prélèvent une grosse part des bénéfices que pourraient faire les cultivateurs.

IV. — ENGRAIS ET AMENDEMENTS.

Fumier de ferme. — *Production.* — Dans un département qui présente des situations culturales aussi diverses que celui de la Drôme, la quantité de fumier recueillie est nécessairement variable. En effet, le fourrage étant relativement rare dans les zones de l'olivier et des pacages, la paille, qui n'y est d'ailleurs récoltée qu'en assez petite quantité, entre fréquemment dans l'alimentation du bétail, de sorte que la litière, qui se compose souvent de buis, n'est distribuée qu'avec parcimonie. Dans ces conditions, les mulets et les chevaux d'Auvergne, qui y constituent à peu près tout le gros bétail, les ovins et les porcs donnent relativement peu de fumier. Ailleurs, où les animaux sont d'un poids moyen plus élevé, où l'alimentation est meilleure et où la litière n'est pas aussi strictement mesurée, la production du fumier est plus considérable.

Il convient d'ajouter que les troupeaux se couchant souvent sur de la terre sablonneuse, le poids total du fumier paraît proportionnellement plus élevé.

Soins. — Dans la montagne, on mélange généralement le fumier avec de la terre à sa sortie des écuries et des étables, mais il est rarement arrosé; dans la plaine, on le met simplement en tas, l'arrosant quelquefois, sans toujours le recouvrir de terre. La grande majorité des cultivateurs ne le soigne pas.

Pertes. — Exception faite de quelques rares domaines, les purins sont perdus, et comme le fumier reste presque toujours exposé à la pluie et au soleil, les pertes sont très sérieuses et ne doivent pas s'éloigner beaucoup du tiers de la valeur totale. Ce n'est toutefois que pour celui de bergerie, qu'on ne sort qu'à de très longs intervalles, qu'il n'y a pas de déperdition bien sensible.

Améliorations réalisées et à réaliser. — Ce qui a été fait depuis dix ans sous ce rapport est de peu d'importance, car il n'y a que quelques cultivateurs seulement qui aient établi des fosses cimentées. Il y aurait cependant une certaine tendance à mieux recueillir les purins, quoique ce ne soit encore qu'une infime minorité qui s'y attache, et, dans plusieurs cantons, on conduit le fumier aux champs moins de temps qu'autrefois avant l'emploi.

Quant aux progrès à réaliser, ils consisteraient dans l'établissement de plates-formes ou de fosses à fumier et à purin bien étanches, et disposées de telle sorte que l'engrais soit à l'abri de la pluie et du soleil. Il conviendrait aussi que le sol des écuries puisse permettre aux urines de se réunir et de s'écouler au dehors dans la fosse. En attendant, il serait d'une bonne pratique de couvrir les tas avec de la terre, de les arroser avec les liquides qui s'en échappent, d'empêcher les volailles d'y accéder, et de ne pas laisser le fumier séjourner trop longtemps sur le terrain avant de l'étendre et de l'enfouir.

Engrais complémentaires. — *Engrais employés.* — Les engrais complémentaires sont surtout employés dans les différents cantons de la vallée de la Drôme, ainsi que dans la zone de l'olivier. On en utilise aussi beaucoup dans la moitié supérieure de la vallée du Rhône, mais ils se sont moins rapidement vulgarisés jusqu'ici dans l'arrondissement de Montélimar.

Ceux dont on fait le plus communément usage sont, par ordre de quantité : le superphosphate minéral dosant 13 à 15 p. 100 d'acide phosphorique, le tourteau de colza, les mélanges spéciaux pour luzerne, blé, pomme de terre, vigne, etc., le superphosphate d'os à 18-20 p. 100 et le nitrate de soude. On n'emploie presque pas de phosphate fossile ou de scories phosphoreuses, et, d'autre part, en raison de la faible étendue générale des domaines et du défaut de connaissance des ressources chimiques du sol, il est très rare jusqu'à présent que les cultivateurs acquièrent séparément les produits azotés, phosphatés et potassiques pour les répandre en proportion variable suivant la nature de leur terrain.

Quantité. — La quantité totale, qui n'était que de 1,500 tonnes il y a dix ans, s'est élevée, en vue de la récolte de 1892, à 8 millions de kilogrammes, sur lesquels un peu plus de la moitié a été acquise par l'entremise des syndicats. L'augmentation a surtout été rapide depuis l'année 1888, et dans la seule vallée de la Drôme, où le mouvement a été le plus accentué, la consommation est passée de 60 à 900 tonnes.

Prix d'achat et valeur totale. — Actuellement, les prix sont les suivants dans les gares du département, par wagon de 5,000 kilogrammes, chargé d'un seul ou de plusieurs produits. Une majoration de 0 fr. 50 à 1 fr. 50 par quintal métrique doit être ajoutée pour le transport en voiture, selon la distance à parcourir depuis la station du chemin de fer :

Unité	d'azote du nitrate de soude	1f 60c
	d'azote du sulfate d'ammoniaque	1 50
	d'acide phosphorique du superphosphate minéral	0 60
	d'acide phosphorique du superphosphate d'os	0 70
	d'acide phosphorique du phosphate précipité	0 55
	d'acide phosphorique des scories phosphoreuses	0 33
	d'acide phosphorique du phosphate fossile	0 30
	de potasse du sulfate	0 50
	de potasse du chlorure de potassium	0 45
Tourteau de colza (les 100 kilogrammes)		14 à 15 00
Mélanges spéciaux (les 100 kilogrammes) suivant le dosage		11 à 18 00

La valeur totale des engrais complémentaires utilisés au cours de la campagne de 1892 est estimée à 900,000 francs environ.

Application. — Les cultures fumées au moyen de ces engrais sont surtout les luzernes, qui en reçoivent 45 p. 100; les céréales 30 p. 100; les cultures diverses : pommes de terre, betteraves, oliviers, etc., 15 p. 100; la vigne 7 p. 100 et les prairies permanentes, 3 p. 100.

Les superphosphates minéraux et les engrais spéciaux sont répandus à la dose de 500 à 600 kilogrammes par hectare. Le nitrate de soude, qui ne fait que commencer à être appliqué au printemps sur les blés, est employé à raison de 150 à 200 kilogrammes pour la même étendue. Le tourteau de colza sert surtout à la fumure de l'olivier, à raison de 3 kilogrammes par pied. Dans la vallée de la Drôme, on l'emploie aussi pour les pommes de terre et les betteraves, mais c'est un engrais dont on ne fait pour ainsi dire pas usage dans la vallée du Rhône.

Il arrive aussi assez fréquemment, pour les plantes sarclées, qu'on emploie une demi-fumure de fumier de ferme et qu'on la complète par 300 kilogrammes de superphosphate à 13-15 degrés.

Résultats obtenus. — Lorsque ces engrais sont répandus en temps et proportions convenables, ils donnent ordinairement d'excellents résultats. Les cultivateurs s'en montrent ordinairement très satisfaits, notamment depuis qu'ils ont pu se les procurer par l'entremise des syndicats avec toutes les garanties de dosage et de bon marché désirables. On constate que les récoltes fourragères ont augmenté et que les autres cultures qui les reçoivent donnent un rendement plus élevé; mais il convient d'ajouter à cet égard que, le gros bétail étant assez peu nombreux, la fumure annuelle, moyenne et normale au fumier de ferme est faible, et que le poids d'engrais chimique, employé à des intervalles moins éloignés, constitue un apport plus considérable de substances fertilisantes. N'exigeant que quelques avances, ils procurent dans tous les cas une sérieuse économie de main-d'œuvre et permettent la fumure de terrains pentueux où les transports ne peuvent souvent se faire qu'à dos de mulet.

C'est sous le rapport de la vulgarisation des engrais complémentaires que les progrès ont été les plus marqués dans cette dernière période, car leur usage, qui n'était qu'exceptionnel il y a dix ans dans un grand nombre de cantons, tend à devenir général aujourd'hui.

L'influence des syndicats a été considérable à ce point de vue; car ce sont eux surtout qui ont mis les petits cultivateurs à même d'apprécier la valeur de ces merveilleux agents de fertilisation.

Les fraudeurs ont pour ainsi dire disparu de la Drôme, où d'ailleurs ils n'ont pas fait un trop grand nombre de dupes, pour la raison que les engrais chimiques étaient peu employés, il y a dix ans, par la masse du public agricole. Aujourd'hui, ces produits sont à peu près exclusivement livrés par d'importantes manufactures qui ont des représentants dans les principaux centres et à qui sont souvent adjugées les fournitures des syndicats.

Amendements. — Les sols de la zone de l'olivier et ceux de la région montagneuse étant essentiellement calcaires; de leur côté, ceux de la zone du mûrier et de la vigne ayant, pour la plupart, une excellente constitution physique, le chaulage et le marnage des terres sont pour ainsi dire inconnus dans le département. Il n'y a donc aucune amélioration sérieuse à tenter de ce côté.

V. — OUTILLAGE.

État de l'outillage. — L'outillage est médiocre dans l'est et passable dans le sud du département; mais il est assez bon dans la partie la plus riche qui forme, au nord, l'arrondissement de Valence.

Machines et instruments en usage. — Les terrains en pente de la région montagneuse, où il est souvent difficile d'accéder, s'opposent à l'emploi du matériel dont on peut faire usage dans la plaine pour le travail du sol et la préparation des récoltes. On s'y sert de charrues ordinaires de force différente, de quelques charrues tourne-oreille, d'un petit araire pour enterrer les semences, de herses en bois et en fer, de quelques houes à cheval, de rouleaux à battre, de tarares, de vans et d'outils à main divers. Un seul canton possède un petit nombre de batteuses à manège, et deux ou trois autres quelques batteuses à bras. On ne connaît que quatre ou cinq faucheuses et autant de râteaux à cheval dans l'ensemble des deux zones des pâturages et de l'olivier, encore n'existent-ils que dans la partie moyenne qui arrive à la plaine par une transition ménagée. Nombre d'exploitations n'ont même pas de véhicules, car elles ne sont desservies que par des sentiers à mulets.

La partie septentrionale de la zone du mûrier a, outre les outils précédents, qui y existent d'ailleurs en plus grand nombre, des rouleaux en bois, de grands râteaux à main, des moissonneuses, trieurs, pulvérisateurs, pals injecteurs, pressoirs, matériel vinaire, chaudières pour la cuisson des légumes, etc. Les batteuses, qui y existent au nombre de 102, sont des machines à grand travail actionnées par des locomobiles et qui appartiennent toutes à des entrepreneurs. La plupart des instruments perfectionnés qui viennent d'être désignés sont très rares dans le sud du département.

Valeur d'achat. — Un assez grand nombre d'outils sont livrés à la culture par les constructeurs de village au prix de 1 franc le kilogramme. Les charrues coûtent de 30 à 70 francs; les petits araires, 12 à 15 francs; les herses, 20 à 50 francs; les houes 25 à 30 francs; les rouleaux en bois, 25 à 40 francs; les rouleaux en pierre, 15 à 20 francs; les ventilateurs, 35 à 45 francs; les bêches, pelles, pioches, outils à main divers, 4 à 7 francs; les charrettes de montagne, 200 francs; de plaine, 400 francs; les tombereaux de montagne, 150 francs; de plaine, 300 francs; les voitures suspendues, dites *jardinières*, 350 francs; les tonneaux, 7 francs, et les cuves, 5 fr. 50 l'hectolitre.

Les instruments perfectionnés ne sont pas construits dans le département, mais ils y sont vendus par des dépositaires aux prix suivants : défonceuse, 200 francs; râteau à cheval, 300 francs; faucheuse, 425 francs; moissonneuse javeleuse, 900 francs; moissonneuse lieuse, 1,200 francs; batteuse à manège, 400 francs; batteuse à bras, 110 francs; trieur, 250 à 300 francs; pulvérisateur, 36 francs; pal injecteur, 45 francs; pressoir, 400 francs; chaudière, 40 francs.

Estimation du matériel des exploitations. — Dans la partie essentiellement pastorale, on estime que le matériel employé a une valeur totale moyenne suivante :

Pour les grandes exploitations	500 à 1,000 francs.
Pour les moyennes exploitations	300 à 500
Pour les petites exploitations	150 à 300

Dans la partie inférieure de la zone montagneuse, dans la région de l'olivier, ainsi que dans le sud de celle de la vigne et du mûrier, on l'estime :

Pour les grandes exploitations	1,200 à 2,500	francs.
Pour les moyennes exploitations	600 à 1,200	
Pour les petites exploitations	200 à 500	

Dans l'arrondissement de Valence :

Pour les grandès exploitations	3,000 à 4,500	francs.
Pour les moyennes exploitations	1,500 à 3,000	
Pour les petites exploitations	500 à 1,000	

Le matériel vinaire, qui n'a été le plus souvent l'objet d'aucuns soins depuis environ quinze ans, a considérablement perdu de sa valeur.

Propagation de l'outillage perfectionné. — Dans les vallées et les meilleures situations de la région montagneuse, ainsi que dans la zone de l'olivier, les charrues montées avec des pièces d'acier, les fourches, les bêches et les tridents américains sont les instruments qui se répandent le plus. Dans la zone de la vigne, vers le nord notamment, ces mêmes outils se propagent avec un certain nombre de houes à cheval, de fourneaux économiques, et avec quelques défonceuses, moissonneuses, râteaux à cheval, machines à battre et trieurs. On y a introduit récemment le premier appareil de défoncement à la vapeur.

Progrès réalisés. — Si les progrès réalisés depuis dix ans sont peu sensibles dans la zone de l'olivier et dans celle des pâturages, ils sont, au contraire, considérables dans le nord de celle de la vigne, mais beaucoup moins importants vers le sud. La déclivité, la faible étendue relative des parcelles et des domaines, ainsi que le manque de ressources, sont les obstacles qui s'opposent à l'emploi des instruments perfectionnés sur de nombreux points du département.

Améliorations à faire. — A part la propagation des outils à main de fabrication américaine, qui sont légers et solides, il y a peu de progrès à espérer de ce côté pour la région montagneuse, d'ici longtemps tout au moins. Dans le reste de la Drôme, les cultivateurs pourraient parfois s'associer pour faire l'acquisition d'un instrument et apprendre d'abord à s'en servir, afin d'arriver à l'avoir pour eux seuls dans la suite. Il y aurait encore un réel intérêt à employer les semoirs en lignes dans d'assez nombreuses situations, tout en s'attachant à continuer à vulgariser les outils qui se sont déjà propagés dans la meilleure partie du département.

VI. — INDUSTRIES ANNEXES EXISTANT DANS LES EXPLOITATIONS RURALES.

Il n'y a dans la Drôme aucune féculerie, distillerie, huilerie, sucrerie ou vinaigrerie jointe aux exploitations rurales. Nous dirons seulement qu'en dehors des fabriques spéciales, les huileries sont le plus souvent des annexes aux moulins à farine et qu'elles ne travaillent qu'un ou deux jours par semaine, en hiver notamment, opérant à façon pour le compte des propriétaires d'olives, de noix ou de graines de colza.

Les producteurs d'huile d'olive se plaignent vivement de la concurrence que leur font les mélanges d'huiles de graines; aussi serait-il à souhaiter qu'on pût appliquer aux fraudeurs une législation analogue à celle qui régit le commerce des beurres.

Bouilleurs de cru. — D'après les renseignements fournis par l'administration des contributions indirectes, il existe dans le département 4,794 bouilleurs de cru, retirant de l'alcool des fruits avariés ou de qualité inférieure : cerises, prunes, pêches, du jus de sorgho et surtout des marcs de raisins, toutes matières dont la quantité et la valeur sont difficilement appréciables. Ils se servent d'alambics ordinaires, valant de 30 à 150 francs dans la partie la plus pauvre; ailleurs, il y en a un plus grand nombre qui sont relativement perfectionnés et coûtent de 300 à 600 francs. Quelques appareils sont du prix de 2,000 à 3,000 francs.

La plupart du temps, tous ces alambics sont la propriété de distillateurs ambulants qui se rendent de ferme en ferme, ne travaillant que cinquante à soixante jours par an, en juillet-août pour les cerises, en août-septembre pour les prunes et les pêches, et en octobre-novembre pour les marcs et le sorgho.

On obtient une eau-de-vie médiocre titrant 50 degrés, mais qui est cependant assez appréciée dans le pays et qui vaut de 1 fr. 25 à 1 fr. 50 le litre.

Chaque bouilleur ne retire qu'une moyenne de 34 litres d'eau-de-vie, lesquels sont à peu près entièrement consommés dans la maison, car ce n'est qu'exceptionnellement qu'on en vend quelques litres au détail.

La production totale, qui est de 1,630 hectolitres, a donc une valeur d'environ 225,000 à 230,000 francs.

Distillation de la lavande. — Dans la partie moyenne de la région montagneuse, la distillation de la lavande a pris une certaine extension et donne d'assez sérieux bénéfices à ceux qui s'y livrent. Les tiges, coupées sur les touffes éparses dans les terrains vagues, sont distillées avec leurs graines en août-septembre au moyen d'alambics primitifs, et la quantité d'essence ainsi obtenue dans cinq cantons est d'environ 11,000 kilogrammes, qui, au prix de 12 à 20 francs le kilogramme, soit 16 francs en moyenne, représentent une valeur totale de 175,000 francs. Ces essences, qui sont de bonne qualité, sont vendues à des commissionnaires qui les expédient surtout à Grasse, mais aussi à Londres.

Laiteries et fromageries. — Les vaches laitières n'existant qu'en nombre très restreint dans la Drôme, sauf dans trois cantons du nord-est, les laiteries et les fromagerie ne s'y trouvent pas à l'état d'annexes dans les exploitations.

Une laiterie industrielle, récemment créée dans un de ces cantons, fonctionne avec les appareils perfectionnés du Danemark et de la Franche-Comté, produisant des beurres de table et des fromages façon Gruyère. Il est probable que de nouveaux établissements analogues se créeront dans un des autres cantons, le troisième possédant trois petites fromageries qui emploient journellement au total trente hectolitres de lait à la fabrication du Brie mi-gras et de l'imitation Mont-d'Or; mais, nous le répétons, ce sont là des industries spéciales qui achètent le lait aux cultivateurs de leur rayon, et dans la marche desquelles ceux-ci n'ont point à s'immiscer.

Sans doute que les producteurs tirent parti du lait de vache ou de chèvre dont ils disposent en le transformant en beurre ou en petits fromages mi-gras ou maigres, désignés sous les noms de *tommes* et de *picodons;* mais ce ne sont là que des produits dits de *basse-cour,* et en quelque sorte accessoires, qui trouvent un débouché sur les marchés hebdomadaires du voisinage.

Industrie séricicole. — Le département de la Drôme est essentiellement séricicole, et, sauf un canton, on élève des vers à soie dans les vingt-huit autres, les éducations qui se rencontrent dans la zone des pâturages n'y étant toutefois faites que dans les vallées abritées.

D'après la Statistique agricole annuelle faite en 1892, 27,439 éducateurs auraient mis 37,344 onces de 25 grammes en incubation et ils auraient obtenu 1,145,591 kilogrammes de cocons, soit près de 31 kilogrammes par once.

Si, d'un autre côté, on se reporte aux renseignements plus exacts centralisés en vue de l'exécution de la loi du 13 janvier 1892, relative aux primes d'encouragement, on constate que sur les 962 kilogr. 992 de graines déclarées par 27,713 éducateurs, on n'a obtenu, chez 26,259 d'entre eux, qu'un rendement total de 1,150,527 kilogrammes de cocons, soit un rendement moyen de 35 kilogr. 860 par once de 30 grammes.

Chaque éducateur a déclaré 35 grammes de graines en moyenne.

A la quantité qui précède, il faut ajouter celles obtenues par les éducateurs qui n'ont pas fait la déclaration en vue de recevoir la prime, lesquels sont très peu nombreux, la proportion n'étant que de 2.25 p. 100.

De ces chiffres, il résulte que, tenant compte des 2.25 p. 100 d'éducateurs qui n'ont rien déclaré, la production de 1892 a été de 1,177,000 kilogrammes environ, qui, au prix de 3 fr. 50 en moyenne, représentent une valeur de 4,119,500 francs.

Bien qu'il y ait un grand nombre d'éducateurs, les magnaneries importantes, c'est-à-dire les bâtiments spécialement construits et aménagés en vue de l'élevage du ver à soie, ont à peu près complètement disparu et ont été transformés pour d'autres usages. Les éducations qui, presque toutes, ne portent que sur une once à une once et demie de graines, rarement plus, mais souvent moins, se font dans des locaux tels que cuisines, chambres, greniers, où des étagères sont temporairement agencées et où, en raison de la disposition des lieux, il n'est pas toujours possible de réunir les conditions d'hygiène désirables.

On estime que le matériel nécessaire à une éducation de deux onces et comprenant, outre les claies et leurs montants qui valent 150 francs environ, la couveuse, le coupe-feuilles, les échelles, le thermomètre, les grilles de chauffage, les papiers percés, les sacs et les draps pour le ramassage et le transport de la feuille, les balais, etc., nécessite une mise de fonds approximative de 250 francs.

Les frais d'éducation des vers provenant d'une once de graines comprennent la valeur de 1,000 kilogrammes de feuilles, qui se vendent en moyenne 3 à 4 francs les 100 kilogrammes sur l'arbre, quoique le prix soit souvent plus élevé en dehors de la vallée du Rhône; l'achat des graines, 10 francs, les dépenses de main-d'œuvre, 50 francs, de chauffage, 10 francs, de bruyère, d'intérêt et d'amortissement du matériel (mémoire), soit un total qui ne s'écarte pas beaucoup de 115 à 125 francs. Mais il est essentiel d'ajouter qu'on ne dépense en réalité chaque année que le prix des graines et du combustible, la main-d'œuvre étant fournie par la famille, dont quelques membres ne feraient souvent pas d'autre travail profitable, et les feuilles dont elle peut disposer étant ainsi utilisées, lorsqu'on ne trouverait pas toujours à les vendre, aujourd'hui surtout où une portion importante reste sans emploi dans nombre de communes du département.

La durée des éducations est de quarante-cinq jours environ et commence, en général, vers le 25 avril pour se terminer au 25 juin, la mise en incubation étant retardée jusque vers le 10 ou 15 mai dans les centres séricicoles de la région montagneuse.

Le rendement moyen est de 25 à 30 kilogrammes dans les plaines de l'ouest, tandis qu'il atteint 30 à 40 kilogrammes dans les parties accidentées de l'est où, en raison de l'isolement des vallées, il y a moins de chances de contamination des chambrées par certaines affections parasitaires. Le maximum est de 60 à 65 kilogrammes, et, dans quelques cas exceptionnels, on est arrivé jusqu'à obtenir 70 et même 75 kilogrammes de cocons à l'once de 30 grammes.

Au prix de 3 fr. 25 le kilogramme que se sont payés les cocons en 1891, et en admettant une moyenne générale de 35 kilogrammes, on n'a qu'un revenu brut de 112 fr. 75. En 1892, le prix ayant été de 3 fr. 50, le revenu s'est élevé à 122 fr. 50, ce qui ne fait que de permettre la réalisation de la valeur de la feuille, de convertir en argent le travail de la famille et de couvrir les débours. La prime essentiellement temporaire de 0 fr. 50 par kilogramme a donc presque seule constitué le bénéfice réel de la dernière campagne.

Dans de telles conditions, les grandes éducations, c'est-à-dire celles qui nécessitent l'emploi de la main-d'œuvre salariée, sont donc absolument impossibles, car elles ne laisseraient rien à l'exploitant; et d'autre part, si l'on tient compte de ce que, dans les derniers jours de la vie de la larve, les hommes, les femmes et les enfants sont occupés à lui donner leurs soins, négligeant des travaux tels que ceux du sulfatage et du binage des vignes, des premières coupes des prairies artificielles, on s'explique la décadence de l'industrie séricicole, malgré tous les efforts qui ont été faits pour la relever.

Avec des prix aussi bas, ceux qui possèdent beaucoup de mûriers ne trouvent que difficilement à faire élever des vers pour la moitié du produit, l'éducateur ne fournissant que la main-d'œuvre; aussi préfèrent-ils arracher les arbres pour consacrer le terrain à des cultures moins aléatoires.

Le petit cultivateur, qui fait le travail par lui-même ou les siens et ne débourse que peu de chose, est donc le seul qui puisse actuellement se livrer, sinon avec avantage, du moins sans perte à l'élevage du ver à soie; mais il est hors de conteste que s'il ne possédait pas de mûriers, il n'aurait le plus souvent aucun intérêt à en planter.

L'augmentation des rendements, résultant de l'emploi de bonnes graines qu'il n'est pas toujours facile de se procurer, ainsi que de soins mieux entendus, a déjà fait de sérieux progrès; c'est elle qui, avec un prix plus élevé des cocons, amené par le retour de la mode vers les belles étoffes souples qui se fabriquent avec des titres fins de provenance indigène, et non avec les gros titres filés en Chine et au Japon, pourra faire sortir la sériciculture française de la situation particulièrement difficile dans laquelle elle se trouve aujourd'hui.

Les cocons se vendent en très grande majorité à l'état frais directement aux filateurs de la région, ou encore à des spéculateurs qui, après avoir étouffé les chrysalides, les font sécher pour les céder ultérieurement.

La région de l'olivier seule se livre à la reproduction et produit environ 15,000 onces de graine industrielle qui, préparée selon les indications de l'illustre Pasteur, trouve des débouchés non seulement dans le pays, mais encore à l'étranger.

Apiculture. — En raison de la faiblesse de son rendement, la culture des abeilles ne joue qu'un rôle secondaire dans le département, et on y remarque que cette branche de la production tend plutôt à diminuer qu'à s'accroître.

A part 250 ruches à cadres mobiles, toutes les autres, au nombre de 25,000 environ, sont des ruches communes formées de troncs de vieux arbres ou construites en planches ou en paille. Vides, les premières valent 20 à 25 francs, les autres, 3 à 4 francs.

Sauf dans les ruches à cadres, qui sont entre les mains d'apiculteurs intelligents, les abeilles ne sont l'objet d'aucuns soins entendus; aussi, tandis que les ruches perfectionnées donnent annuellement 15, quelquefois 20 et même 25 kilogrammes de miel extrait, valant 1 fr. 75 à 2 francs le kilogramme, les ruches fixes ne produisent que 4 kilogrammes de miel qui, quoique coulé, ne vaut que 1 fr. 50.

La production comme l'essaimage sont fort irréguliers, et d'ordinaire, suivant une coutume très ancienne, les essaims ne se vendent pas, mais s'échangent contre un produit qui vaut une quinzaine de francs, généralement contre quatre doubles décalitres de blé. Les essaims artificiels que l'on tire des ruches à rayons mobiles se vendent cependant 18 à 20 francs, soit à raison de 10 francs le kilogramme.

Le miel obtenu dans la Drôme peut être évalué à 105,000 kilogrammes estimés 160,000 francs, et la cire brute à 5,000 kilogrammes, d'une valeur totale de 5,500 francs. Les débouchés ouverts aux produits apicoles sont absolument locaux.

Avec les ruches communes auxquelles on ne fournit aucune provision d'hiver, la récolte se fait le plus souvent en février-mars, mais quelquefois en octobre-novembre, par exemple vers le sud de la zone de la vigne; et quant aux ruches à cadres, cette récolte se pratique dans le courant des mois de juillet, août et septembre.

Tandis que l'apiculture fixiste semble péricliter, l'apiculture mobiliste, au contraire, fait des progrès depuis quelques années. Des hommes d'initiative en vulgarisent les principes dans le département, et on sent qu'on attache un certain intérêt à leur œuvre. Il n'y a donc qu'à continuer dans la voie ouverte, avec l'espoir que l'instruction et les ressources aidant, une industrie lucrative se subsistuera petit à petit à celle où la routine et les préjugés d'un autre âge tiennent encore la première place.

Aviculture. — L'élevage des volailles n'a qu'une assez faible importance dans la zone de l'olivier et dans celle des pâturages, ainsi que dans presque tout le sud de celle de la vigne, c'est-à-dire là où les exploitations sont distantes des centres de consommation, et où alors on n'en entretient à peu près que pour les besoins du personnel. Ce n'est donc que vers le nord du département qui est de beaucoup la partie la plus peuplée, que la basse-cour donne d'appréciables produits; toutefois elle est peu lucrative dans les petits domaines où on se trouve obligé de cultiver des céréales près des habitations et où les volailles causent souvent des dégâts que leur valeur ne peut couvrir.

On ne compte dans tout le département que cinq ou six couveuses artificielles des systèmes Roullier-Arnoult et Voitellier.

Les dépenses faites pour l'entretien de la volaille ne sont pas facilement appréciables, en ce sens qu'elle vit en été dans les champs et les cours de ferme, et que ce n'est guère qu'en hiver qu'on lui donne les mauvaises graines provenant du nettoyage des céréales, déchets auxquels on ajoute quelque peu de sarrasin, d'avoine, de seigle, de sorgho à balais, ainsi que des pâtées de pommes de terre et de son. Dans tous les cas, on n'achète rien.

Les recettes, qui rentrent dans la bourse de la ménagère, sont, en moyenne, les suivantes :

	ARRONDISSEMENT		RÉGION MONTAGNEUSE	
	DE VALENCE.	DE MONTÉLIMAR.	NORD.	SUD.
	—	—	—	—
Grandes exploitations	300 à 600f	200f	80f	60f
Moyennes exploitations........	150 à 300	100	60	40
Petites exploitations...........	100 à 150	50	40	25

De ce qui précède il résulte donc que l'aviculture n'est point, pour la plus grande partie de la Drôme, une industrie vraiment sérieuse; aussi ne nous appesantirons-nous pas davantage sur elle.

Pisciculture. — En dehors des 58,000 alevins de truites lancés depuis 1888 dans divers cours d'eau par le service des ponts et chaussées, les travaux de ce genre sont de minime importance. A notre connaissance, il n'y a qu'un propriétaire d'une commune du nord du département qui s'occupe de pisciculture sur une petite échelle, élevant la truite des lacs, la truite arc-en-ciel, la truite saumonée, le saumon quinnat et l'ombre-chevalier.

Ce propriétaire, qui a les sources mêmes d'une petite rivière dans son enclos, a établi des grillages métalliques qui arrêtent le poisson et le préservent contre les loutres et les maraudeurs. Des renseignements qui nous ont été fournis il résulte que l'installation n'a coûté qu'une somme insignifiante, que les frais annuels se bornent à quelques nettoyages peu dispendieux et à l'achat d'œufs embryonnés, et que les recettes se montent à 500 francs, les truites se vendant dans toute la contrée environnante à raison de 5 francs le kilogramme.

De son côté, l'administration a dépensé une somme de 2,108 francs pour l'acquisition des alevins dont il vient d'être question.

Il n'y a dans la Drôme que de rares situations analogues à celle dont nous venons de parler; cependant on pourrait assurément établir des bassins dans le voisinage d'un certain nombre de sources et en tirer quelques revenus par l'élevage du poisson; mais ce ne sera toujours qu'assez peu de chose. Quant aux cours d'eau, beaucoup ont un caractère torrentueux et sont pour ainsi dire à sec en été. Il y aurait lieu surtout d'y exercer une surveillance attentive sur toute leur longueur et de réprimer sévèrement les infractions aux lois et règlements sur la pêche, les poissons étant, en effet, fréquemment pris à l'aide d'engins prohibés et détruits au moyen de la coque du Levant, du chlorure de chaux et quelquefois de la dynamite, au moins avant que des prescriptions récentes n'aient été édictées pour assurer l'emploi régulier de cet explosif.

Industries désirables. — En l'état, nous ne voyons aucune industrie agricole nouvelle qui soit susceptible d'être annexée avec chance de succès aux exploitations rurales du département.

VII. — AMÉLIORATIONS FONCIÈRES.

Irrigation. — D'après les renseignements qui nous ont été communiqués par M. l'ingénieur en chef de la Drôme, ainsi que par MM. les directeurs des canaux de la Bourne et de Pierrelatte, la surface actuellement arrosée par le fait des travaux des compagnies, des syndicats administratifs, des syndicats libres, ou par ceux des particuliers serait approximativement de 17,000 hectares.

A part les travaux exécutés par les Sociétés de la Bourne et de Pierrelatte, ainsi que par le Syndicat du canal de l'Ouest à Montélimar, les autres sont effectués depuis longtemps.

La surface réellement mise à l'arrosage depuis dix ans est de 785 hectares, mais les travaux achevés au cours de la même période pourraient permettre d'en arroser 1,800 de plus.

La somme consacrée durant cet intervalle à l'extension de la surface arrosable s'est élevée à 743,000 francs en chiffres ronds; mais dans cette somme ne sont pas comprises les dépenses faites par les particuliers pour installer le système d'irrigation sur leurs terres.

Une telle installation, dans le périmètre du canal de la Bourne, nécessite une avance moyenne d'environ 300 francs par hectare lorsqu'il s'agit de prairie, et encore, dans un but d'économie mal entendue, ne fait-on pas toujours les travaux avec soin, au grand détriment de la régularité d'action des arrosages. Cependant, si on ne veut conduire l'eau que sur des fourrages artificiels ou sur des cultures annuelles le système est plus sommaire, les rigoles se faisant souvent à la charrue.

A de rares exceptions près, et à moins de disposer d'eaux de sources, on arrose toujours au printemps et en été. D'une manière générale, les résultats sont bons et ils s'accentuent à mesure que l'on descend vers le midi du département; car, en année de sécheresse, l'irrigation peut aller jusqu'à doubler et parfois tripler une récolte alors fort maigre dans les sols du voisinage qui ne reçoivent pas l'action bienfaisante de l'eau.

Un grand nombre d'usagers des eaux du canal de la Bourne ont éprouvé de sérieux mécomptes, au moins dans la création des prairies naturelles; mais ceux-ci paraissent plutôt devoir être attribués à une installation défectueuse et à des fumures d'entretien insuffisantes qu'à toute autre cause, car de sérieux résultats ont été constatés chez d'autres qui, comprenant l'action des arrosages d'été, n'ont rien négligé pour se les assurer.

Dans le midi du département, les bonnes terres doublent de valeur; mais les garrigues, naturellement plus sèches, peuvent aller jusqu'à sextupler par le fait de l'irrigation.

Dans la région montagneuse, le terrain à l'arrosage n'est généralement évalué qu'à un tiers en sus; mais, vers le nord de la zone de la vigne, et aussi dans la vallée de la Drôme, dont les eaux calcaires sont moins appréciées, cette plus-value du tiers n'existe que pour les terres médiocres, lorsqu'elle n'est que d'un cinquième seulement pour celles qui sont assez bonnes et qu'elle devient presque insignifiante dans les bonnes. D'ailleurs, à mesure que l'on s'éloigne du midi, la production devient moins abondante, à fertilité égale, et, d'autre part, le prix de vente des fourrages y est moins élevé, toutes choses qui contribuent à ne pas rendre la différence de valeur aussi sensible entre les terrains arrosés et ceux qui ne sont pas soumis à l'irrigation.

Actuellement même, dans le périmètre du canal de la Bourne, les propriétés grevées de droits d'arrosage trouvent difficilement des acquéreurs, et elles perdent, lors de la vente, le montant de la redevance capitalisée. Il est à espérer que cette moins-value ne sera que passagère; mais, quoi qu'il en soit, c'est là une question des plus importantes sur laquelle nous nous permettons d'appeler tout particulièrement l'attention de l'administration supérieure de l'agriculture.

Bien qu'on puisse organiser de nouveaux syndicats d'arrosage, l'œuvre principale qu'il conviendrait de mener à bonne fin serait la construction du canal d'irrigation du Rhône, destiné à porter la richesse dans les garrigues de l'arrondissement de Montélimar, c'est-à-dire dans des terrains secs et perméables qui sont surtout ceux dans lesquels l'eau produit de merveilleux effets si son action est secondée par des fumures suffisantes.

D'un autre côté, dans les terrains profonds que le canal de la Bourre arrose dans la plaine de Valence, sans leur donner actuellement de plus-value foncière, il y aurait lieu d'étudier si de nouvelles cultures ne pourraient accroître le rendement net dans une plus forte proportion que la plupart de celles qui ont été soumises à l'irrigation depuis quelques années.

Enfin il conviendrait de réformer la législation des eaux dans un sens plus favorable au développement de l'agriculture, et aussi d'aplanir dans la mesure du possible les difficultés qui sont une entrave à la constitution des associations syndicales autorisées.

Submersion. — La submersion des vignes n'est aujourd'hui pratiquée que sur 70 hectares environ dans la vallée de la Drôme et sur 2 ou 3 autres hectares des vallées du Roubion et de la Véore, après avoir été de 150 hectares il y a sept ou huit ans. Les ravages des gelées et du mildew dans les bas-fonds, la perméabilité de sols graveleux, la mauvaise adaptation de certains cépages locaux à la submersion ont été les principales causes de l'insuccès. En outre, en remontant la vallée de la Drôme, le bois aoûte tardivement, de sorte qu'on ne peut toujours submerger de bonne heure, et si les gros froids surviennent avant que l'opération ne soit terminée, il se forme des glaçons qui brisent les bras en écrasant les souches lors du dégel ou du retrait momentané de l'eau.

Comme on a opéré la plupart du temps sur d'anciens colmatages, il y a eu peu de mouvements de terres à exécuter pour l'installation, laquelle est estimée à 150 francs par hectare. On a donc dépensé une somme de 22,500 francs en totalité. De plus, l'eau étant amenée par des canaux qui existaient antérieurement, les frais annuels de surveillance pour la répartition, ainsi que pour l'entretien des digues et des vannes, ne dépassent pas une trentaine de francs par hectare.

Les terrains dont il vient de s'agir étant facilement submersibles n'ont pas acquis une valeur supérieure par le fait seul de leur situation; mais, si certains sont passés de 2,000 ou 3,000 à 4,000 ou 5,000 francs, c'est uniquement parce qu'on y a installé un vignoble.

Ce qui précède suffit donc pour montrer que la submersion n'est pas à encourager dans le département.

Colmatage. — Les colmatages de la vallée de la Drôme sont anciens et ont porté sur 1,000 hectares environ. Ceux qui ont été exécutés depuis vingt ans ont été faits dans la vallée de l'Aigues sur une surface approximative de 1,000 hectares, dont 100 au cours de la dernière période décennale.

On estime qu'en répartissant sur toute l'étendue conquise les dépenses nécessitées par la construction des digues et en y joignant les frais d'amenée et d'évacuation des eaux, le coût moyen s'est élevé à 500 francs par hectare. 50,000 francs auraient donc été ainsi dépensés depuis dix ans.

Avant l'opération, le terrain n'avait aucune valeur, et, quoique exposé aux inondations, ce qui est toujours une cause de dépréciation, il vaut aujourd'hui 1,800 à 2,000 francs l'hectare. Ces parties colmatées sont en terres labourables ou en prairies.

Ailleurs, le long de l'Isère et de la Drôme, on n'a gagné récemment qu'une surface insignifiante, à peu près entièrement consacrée à des oseraies qui ne valent que 500 à 600 francs l'hectare.

Une certaine surface pourrait encore être conquise sur les rives de l'Aigues en établissant de nouvelles digues et en ouvrant des aqueducs dans celles qui existent déjà. Vers la partie haute de la vallée de la Drôme, une étendue importante de graviers mériterait également d'être transformée, quoiqu'il soit à craindre que les frais ne fussent proportionnellement élevés, eu égard à la valeur du terrain à conquérir, lequel serait formé d'alluvions marneuses compactes, maigres et difficiles à travailler.

Desséchement. — Les travaux de desséchement n'ont été entrepris dans la Drôme que sur une très petite surface, 50 hectares à peine, et encore l'opération n'a-t-elle porté depuis dix ans que sur un petit nombre d'hectares. C'est donc une opération insignifiante.

D'ailleurs, à part l'ancien lac de Luc, qui comprend 300 hectares, et dont une partie seulement est desséchée, il y a peu à faire sous ce rapport, car le département n'a presque pas de terrains marécageux.

Drainage et assainissement. — Les terrains étant généralement sains, perméables et souvent pentueux, le drainage ne présente pas d'intérêt dans la majeure partie de la Drôme. Lorsque, par hasard, il se trouve de petits coins où l'eau séjourne, on les assainit au moyen de conduites en pierres sèches que l'on établit à moments perdus dans le courant de l'hiver. Sur quelques points, notamment dans l'arrondissement de Valence, des travaux de drainage pourraient cependant encore être entrepris avec avantage.

Les parcelles basses sont entourées de fossés qui reçoivent les eaux; mais, nous le répétons, celles-ci ne gênent habituellement pas.

Défrichement de landes. — Dans la plaine, on a arraché des saulaies le long du Rhône et quelques hectares de bois en dehors de la vallée du fleuve, le tout atteignant une centaine d'hectares depuis dix ans. Ces travaux ont été exécutés en hiver pour la valeur des souches et des racines.

Les alluvions sablonneuses du Rhône ont été consacrées à la culture de la vigne indigène; elles valaient 400 francs, et lorsque les vignes y sont en plein rapport, leur prix oscille entre 3,500 et 4,000 francs l'hectare. Les autres terrains n'ont pas acquis de plus-value sérieuse par le défrichement, et il y aurait plutôt lieu d'empêcher ces travaux qui ne livrent à la culture que des sols souvent médiocres.

Dans toute la région montagneuse, on ne défriche pas les broussailles ou les bois, au contraire; d'ailleurs, l'administration des forêts s'y oppose avec raison.

Mise en valeur des terres incultes. — La surface récemment mise en culture ne comprend que de petites parcelles sans importance; tandis qu'inversement chaque jour voit s'augmenter l'étendue laissée en friche dans la zone des pacages, là où les eaux ont mis le roc à nu et où les difficultés de la culture ne permettent pas d'obtenir une production rémunératrice. Certains terrains de coteaux, autrefois en vignes, ont aussi été abandonnés, de sorte que, sur ce point, il y a eu beaucoup plus de recul que de progrès.

Dans un certain nombre de situations bien exposées, on pourrait établir des truffières artificielles et semer des lavandes, refaire quelques vignes, puis consacrer le reste aux bois.

Plantations d'arbres fruitiers. — Les plantations n'étant généralement pas faites sous forme de vergers, il est difficile d'en apprécier l'étendue, mais il est toutefois certain que le nombre des arbres fruitiers a sérieusement augmenté depuis quelques années, et qu'il y a un réel intérêt à l'accroître encore. Nous nous sommes d'ailleurs étendus sur ce sujet au cours du chapitre second.

Reconstitution de vignobles. — Il y a dix ans, la Drôme n'avait presque plus de vignes productives, quoique la statistique en indiquât 9,111 hectares comme résistant encore sur les 38,657 que le département comptait avant l'invasion du phylloxéra.

Il en a toutefois disparu une surface plus considérable que celle que représente l'écart des statistiques, car une certaine étendue a été plantée et détruite dans l'intervalle des diverses constatations.

Tenant compte de la différence de valeur entre les anciennes plantations et les médiocres terres arables résultant de leur disparition, on peut estimer que la perte totale causée au département par le phylloxéra ne s'éloigne pas de 120 millions de francs.

Depuis 1882, la vigne a été plantée sur une portion des terrains légers de la molasse miocène et dans les alluvions sablonneuses du Rhône; mais ce sont là plutôt des créations nouvelles que des reconstitutions proprement dites.

Une surface relativement peu importante a été consacrée à de nouveaux vignobles indigènes en vue de la défense au moyen du sulfure de carbone.

La reconstitution s'est surtout effectuée par les variétés locales greffées en pépinière sur divers cépages américains; les producteurs directs, qui ont eu une certaine vogue il y a quelques années, tendant à être délaissés de plus en plus, en raison de la taille spéciale qu'ils exigent, de leur sensibilité aux maladies cryptogamiques, de l'époque tardive de leur maturité ou de la qualité relativement inférieure de leur vin.

Les frais nécessaires pour conduire à la quatrième année une vigne reconstituée avec des pieds greffés et soudés s'élèvent très approximativement à 3,500 francs par hectare, travaux, rente du sol et intérêts compris, et à 3,000 francs pour les plantations en producteurs directs. Ils ne sont que de 2,500 francs lorsqu'il s'agit de cépages indigènes francs de pieds cultivés hors des terrains sablonneux, et de 2,000 francs dans ces derniers.

Actuellement, le vignoble de la Drôme peut se décomposer comme il suit :

Vignes phylloxérées, mais résistant encore en sols ordinaires ou même légers.	4,100 hectares.
Vignes indigènes en bon état, plantées en terrains sablonneux..........	5,000
Vignes indigènes traitées par le sulfure de carbone..................	2,200
Vignes indigènes soumises à la submersion........................	70
Vignes indigènes greffées sur cépages américains.....................	2,800
Vignes américaines de production directe..........................	1,400
Total........................	15,570

Les deux tiers des vignes indigènes et la presque totalité des cépages américains greffés ou de production directe ayant été plantés depuis 1882, nous pouvons, sans exagération, estimer à trente millions de francs environ la somme qui leur a été consacrée.

Déjà, nous avons eu l'occasion de signaler les résultats obtenus de la culture de la vigne indigène et nous n'y reviendrons pas. Quant à ceux qu'ont donnés les plantations de soudés-racinés, ils sont, en général, excellents, sauf dans quelques sols crayeux du cretacé et du tertiaire, où les vignes greffées périssent et où les producteurs directs vivent misérablement.

Jusqu'à ce jour, il n'y a eu que les agriculteurs d'initiative qui aient reconstitué une certaine surface, de sorte que, s'il y a plus-value incontestable pour les possesseurs, l'offre et la demande étant nulles, nous ne pensons pas qu'actuellement, dans une vente publique, on payerait une vigne au prix de la terre nue augmentée des dépenses de création. En un mot, la plus-value, qui est cependant réelle, ne nous paraît pas encore réalisable.

Les progrès à accomplir de ce côté sont assurément très considérables, car c'est surtout par la vigne que la petite culture peut obtenir des résultats avantageux. Elle ne les obtiendra toutefois qu'en ne perdant pas de vue que, ne pouvant lutter contre la région méditerranéenne pour la quantité, elle doit surtout viser à l'obtention de vins de qualité, qu'avec un choix raisonné de cépages, la Drôme peut produire dans une foule de situations. De petites pépinières de plants qu'on aurait greffés pendant les longues soirées d'hiver faciliteraient beaucoup l'œuvre qui doit être poursuivie.

Reboisement. — Des renseignements communiqués par M. le conservateur des forêts, il ressort que sur 3,970 hectares reboisés en totalité, 164 l'ont été dans le cours des dix dernières années par le service forestier et 81 hectares seulement par les particuliers, en sus de la surface consacrée à la trufficulture artificielle.

Le coût du reboisement, y compris celui du gazonnement qui a pour but de faciliter la reprise des plants, est estimé à une moyenne de 333 francs par hectare de terrain en pente, souvent éloigné des habitations. C'est donc une somme de 573,000 francs qui a été consacrée à ces travaux pendant la période décennale qui vient de se terminer.

Là où ils ont été exécutés, les reboisements forestiers ont eu pour résultat de supprimer les causes d'érosion des terrains instables en donnant au sol l'abri et la cohésion indispensables; mais, par contre, ils nuisent à l'élevage des troupeaux en supprimant une certaine surface de pacages dans quelques localités.

Avant les reboisements, le terrain ne valait guère que de 50 à 150 francs l'hectare. C'est à ce dernier prix qu'il est, en moyenne, revenu lors des expropriations effectuées pour le compte de l'État.

Après les travaux, les terrains n'ont pas une valeur supérieure; et, d'ailleurs, ce n'est pas le produit bois qui est poursuivi pour le moment. Les essences qui peuvent croître dans ces terrains complètement ruinés ne sont pas précieuses, et lorsque arrivera leur maturité, les frais d'exploitation absorberont en entier le prix de la vente.

A cette époque seulement, on pourra introduire dans ces terrains suffisamment améliorés des essences telles que le chêne, le sapin, l'épicéa et le mélèze, qui, dans un avenir très éloigné, pourront être d'un grand rapport.

Le seul but qu'il convient de considérer actuellement est de recouvrir le sol de plantes herbacées et ligneuses, afin de prévenir les inondations, malheureusement trop fréquentes.

L'administration des forêts estime à 12,600 hectares environ l'étendue qu'il conviendrait de reboiser ou de gazonner. De leur coté, les agriculteurs la portent à 40,000 hectares au minimum; mais ils y comprennent une foule de terrains qui, aujourd'hui que les voies de communication permettent à la plaine d'envoyer ses produits vers la montagne et de concurrencer avantageusement ceux qui y sont obtenus, ne peuvent être utilement occupés que par le bois.

Il paraît urgent d'y procéder, car on remarque que, le lit de la Drôme s'étant creusé, il a fallu abaisser le seuil des prises pour les usines et que, malgré une profondeur plus grande, l'eau arrive à un niveau plus élevé en temps de crue. Cette année même, le département a subi d'importants dégâts par le fait du débordement de deux rivières alpines.

Afin d'arriver plus facilement au but, il y aurait lieu d'encourager vivement l'extension de la culture fourragère; car autrement, en restreignant dans une large proportion la surface consacrée aux pâturages, l'opération du reboisement met les cultivateurs dans un état de gêne plus grand encore que celui dans lequel ils se trouvaient auparavant.

Routes et chemins. — Depuis dix ans, le service des ponts et chaussées n'a pas construit de routes. Il a seulement procédé à des rectifications et à des améliorations d'une longueur de 9,126 mètres sur les routes départementales, ayant consacré une somme de 212,000 francs à ces travaux.

D'un autre côté, d'après les données que nous devons à l'obligeance de l'agent voyer en chef, le service vicinal a construit une moyenne annuelle de 37 kilomètres de chemins, soit 370 kilomètres entre 1882 et 1892. Il y a, en outre, diverses améliorations, qui ne sont que des réfections partielles ne faisant pas l'objet d'entreprises régulières. Les crédits affectés durant cette période aux travaux neufs et aux améliorations ont été de 11,590,436 francs, se décomposant ainsi : sur chemins de grande communication, 1,286,253 francs; sur chemins d'intérêt commun, 4,256,636 francs, et sur chemins vicinaux ordinaires, 6,047,547 francs.

Les améliorations ont surtout été apportées dans la plaine, tandis que les constructions neuves ont presque toutes été faites dans la région montagneuse qui, pendant bien longtemps, avait été déshéritée.

Les particuliers n'ont construit qu'une faible longueur de chemins ruraux; mais il nous est impossible de la fixer, même approximativement.

Relativement à la plus-value, on constate que, dans la montagne, elle est d'un quart pour les terrains desservis. Dans la plaine, les terres valent 200 à 300 francs de plus par hectare, soit un dixième en sus, et, dans tous les cas, leur valeur s'est mieux maintenue que pour celles qu'on ne peut aborder qu'avec difficulté par des chemins ruraux souvent mal entretenus. Nous devons toutefois ajouter que cette plus-value est indépendante de la diminution générale que le sol a subie dans la période de 1875 à 1882, plutôt qu'au cours des dix dernières années.

Dans la partie élevée du département, toutes les communes ne sont pas reliées directement à leur chef-lieu de canton respectif et il reste là énormément à faire. Souvent les chemins vicinaux y laissent à désirer, car les agglomérations sont éloignées les unes des autres, et il y a une trop grande longueur à entretenir, eu égard aux ressources des communes. Il faudrait encore des chemins ruraux permettant d'exploiter les terres avec une charrette. Partout, du reste, ce sont ces chemins qu'il faut étendre et améliorer; mais nous ajouterons que beaucoup de communes de la plaine s'en sont déjà préoccupées et ont commencé les formalités prescrites par la loi de 1885 pour parvenir à la reconnaissance de leurs chemins ruraux; aussi des travaux les concernant sont-ils déjà à l'état de projet.

Il serait vivement à souhaiter, d'autre part, que les prestations fussent converties en argent; car, tout en réduisant les cotes, on ferait exécuter une égale quantité de travail. Il arrive souvent, en effet, que les prestataires ne se rendent pas à la convocation qui leur a été adressée, et, si les communes n'ont pas d'avances pour compléter les chantiers, ceux-ci sont mal organisés, et le résultat obtenu n'est pas en rapport avec le sacrifice consenti.

Bâtiments ruraux. — Dans la région montagneuse, le canton de la Chapelle-en-Vercors excepté, les locaux affectés à l'exploitant, aux animaux, à l'outillage et aux récoltes sont généralement insuffisants, peu commodes et en mauvais état, la contrée étant pauvre et ne pouvant toujours faire les améliorations ou réparations nécessaires.

Lorsqu'on ne se servait que de bêtes de somme, ils pouvaient à la rigueur suffire; mais aujourd'hui que les chemins permettent l'usage des véhicules, il faut nécessairement mettre ceux-ci à l'abri.

La maison d'habitation comprend d'ordinaire un étage au-dessus du rez-de-chaussée, et se compose d'une cuisine avec deux ou trois autres pièces. On a ensuite une écurie qui se confond souvent avec l'étable, la bergerie et la porcherie; puis un grenier à foin, une cave, un petit hangar, mais pas toujours une remise.

Dans la plaine et le Vercors, au contraire, les bâtiments sont à peu près suffisants, quoique leur aménagement laisse fréquemment à désirer; néanmoins l'ensemble est très passable et les nouvelles constructions sont mieux comprises.

Le logement de l'exploitant comprend trois ou quatre pièces, la cuisine servant de salle à manger et même de chambre à coucher dans la petite culture, toutes étant d'ailleurs utilisées comme magnanerie, ainsi que le grenier. Le gros et le petit bétail logent dans des locaux séparés; on a ensuite un grenier à foin, un assez vaste hangar, au moins vers le nord, ainsi qu'une cave et une remise.

Les améliorations faites depuis dix ans sont rares dans la région montagneuse, sauf dans le canton du Vercors; cependant on remarque que les cultivateurs tiennent à avoir des locaux plus propres et mieux blanchis qu'autrefois; on y a aussi construit un certain nombre de remises et de hangars.

Ces améliorations sont également insignifiantes dans la zone de l'olivier et l'arrondissement de Montélimar, si ce n'est qu'on y rencontre quelques pièces neuves dans les domaines de la vallée du Rhône; mais vers le nord, c'est-à-dire dans l'arrondissement de Valence, on a construit des hangars pour les fourrages et agrandi les écuries selon les lois de l'hygiène. On tend à améliorer les logements en les rendant plus commodes, plus propres et plus salubres, mais il n'en a pas été fait beaucoup de neufs.

Ces améliorations diverses, ainsi que la plus-value, ne sauraient être chiffrées avec quelque précision.

Les progrès à réaliser sont considérables dans la montagne, qui aurait à transformer la majeure partie de ses locaux, notamment à agrandir les écuries et les étables qui sont souvent trop basses, assainir, aérer, bâtir des remises pour les charrettes, remplacer les quelques couvertures en chaume qui restent par des toitures en tuiles. Tout cela n'est cependant possible qu'avec un accroissement dans les revenus; or, on constate malheureusement que ceux-ci diminuent au lieu d'augmenter.

Dans la plaine, il y a lieu de continuer ce qui est commencé. A cet égard, il n'est pas douteux que si les ressources étaient plus abondantes, les cultivateurs entreprendraient ce qu'ils ne peuvent toujours actuellement faire, au moins vers le sud qui est plus sec et ne produit pas autant que le nord de cette région.

Fruitières et industries annexes. — Aucune fruitière, si ce n'est une laiterie et trois fromageries industrielles, dont il a été parlé au chapitre VI, n'a été créée dans le département au cours de la dernière période; et, quant à ce qui concerne les industries annexées aux exploitations, celles qui existent sont, pour la plupart, anciennement installées dans le pays.

VIII. — ÉCONOMIE RURALE.

LA PROPRIÉTÉ.

Étendue de la propriété. — Suivant que l'on considère telle ou telle partie du département, l'étendue de la propriété diffère essentiellement. Le tableau qui suit en est un résumé :

1° Zone de l'olivier.

Grande propriété	15 à 25 hect. et au-dessus
Moyenne propriété	10 à 15 hectares.
Petite propriété	1 à 10

2° Zone de la vigne et du mûrier.

	NORD.	SUD.
	—	—
Grande propriété	30 hect. et au-dessus.	50 hect. et au-dessus.
Moyenne propriété	10 à 30 hectares.	20 à 50 hectares.
Petite propriété	1 à 10	1 à 20

3° Zone des pâturages et des pacages.

	PARTIE ÉLEVÉE.	PARTIE MOYENNE.
	—	—
Grande propriété	60 à 100 hect. et au-dessus.	30 à 60 hectares.
Moyenne propriété	30 à 60 hectares.	10 à 30
Petite propriété	1 à 30	1 à 10

Dans tout le département, le plus grand nombre des petits propriétaires n'a pas une étendue supérieure à 3 ou 4 hectares.

Répartition. — La répartition de ces propriétés dans les différentes zones est la suivante :

	1re ZONE.	2e ZONE.	3e ZONE.
	—	—	—
Grande propriété	5 p. 100	5 p. 100	5 p. 100
Moyenne propriété	35 p. 100	30 p. 100	20 p. 100
Petite propriété	60 p. 100	65 p. 100	75 p. 100

CULTURE. — *Division et distribution.* — La division et la distribution de la culture sont, à peu de choses près, les mêmes que pour la propriété : sur un même point, il y a peu de domaines appartenant au même propriétaire, comme aussi peu de fermiers constituent leur exploitation avec des terres appartenant à divers propriétaires.

Morcellement et éparpillement. — En général, le sol est très morcelé dans les vallées étroites de la région montagneuse, car chacun cherche à y posséder un petit coin de bon terrain, qui est souvent alors à l'arrosage. Ailleurs, les parcelles labourables ont une étendue qui est, en moyenne, de cinquante ares à un et quelquefois deux hectares.

Les parcelles d'une même exploitation se touchent souvent dans la grande et la moyenne propriété; mais, par contre, elles sont presque toujours éparpillées, enchevêtrées et éloignées dans les petites exploitations qui sont les plus nombreuses.

Il y a là de sérieux inconvénients, entre autres : pertes de temps et accroissement des frais de culture, défaut de fumure, de soins et de surveillance, obstacles à l'emploi des instruments perfectionnés, difficultés d'accès, sujétion aux voisins, source de querelles et de procès, notamment pour les bornes, les arrosages et les pâturages.

Est-il facile d'y remédier lorsque chacun tient à conserver le lopin de terre qui lui appartient? Peut-être pourrait-on réduire les droits de mutation lors de l'achat d'une parcelle contiguë ne dépassant pas une étendue à déterminer. De leur côté, les échanges libres peuvent faire quelque chose; mais, quand on songe à la lenteur d'un tel moyen, on ne saurait le considérer comme étant d'une réelle efficacité. En effet, d'après les renseignements que nous a fournis M. le directeur de l'enregistrement, il n'a été passé dans la Drôme, depuis la loi du 3 novembre 1884, qui a considérablement réduit les droits de mutation en pareil cas, que 132 contrats d'échange qui ont porté sur 651 hectares, soit une moyenne annuelle de 16 contrats portant sur 81 hectares.

Mais, si on remarque que, de 1860 à 1890, le géomètre en chef du département de Meurthe-et-Moselle, M. Gorce, intelligemment secondé par MM. Bretagne, de Nicéville et Beaudesson, directeurs des contributions directes, a, presque seul, aborné, démembré et remembré près de 20,000 hectares, comprenant 87,400 parcelles appartenant à 5,673 propriétaires, et créé 360 kilomètres de chemins ruraux, en donnant à cette étendue une plus-value voisine de six millions pour une dépense de 18 francs par hectare, on est en droit de penser que c'est dans la vulgarisation de la méthode suivie en Lorraine que paraît être la solution du problème. Elle serait facilitée si les dispositions de la loi du 21 juin 1865, concernant les associations syndicales, étaient étendues aux travaux d'abornement général dans les conditions où le conseil général et la Société centrale d'agriculture de Meurthe-et-Moselle l'ont demandé en 1876. Toutefois l'amélioration n'est possible que si la puissance publique est secondée par les propriétaires intéressés dont l'initiative va croissant avec le développement de l'instruction et du progrès.

Tendance de la propriété et de la culture à se diviser ou à se réunir. — En ce qui touche aux modifications que subit la propriété, on remarque que, quoiqu'il se fasse assez peu de transactions et qu'en maints endroits elle reste stationnaire, la tendance générale est à la division dans les plaines et là où le terrain a quelques qualités, tandis qu'elle est à l'accroissement à la montagne. Dans les deux cas, les causes sont sensiblement identiques.

La perte des vignes, la maladie des vers à soie, le bas prix des récoltes font que, depuis un certain nombre d'années déjà, les héritiers, ne trouvant pas d'argent dans les successions, sont obligés de partager les immeubles, et l'un d'entre eux, faute de ressources, n'achète pas comme autrefois le lot de ses co-héritiers, et aussi parce qu'il n'y entrevoit aucun avantage pour le moment. Dans les cantons pauvres, là notamment où le sol est ingrat et le climat rude, cette situation est compliquée par la dépopulation, qui est un péril social et militaire tout à la fois, de sorte que, petit à petit, un héritage ainsi divisé passe entre les mains des plus fortunés. C'est là un fait très regrettable, car un domaine aménagé par le père de famille comme étendue de sol et comme bâtiments dans un but déterminé et calculé perd, en s'émiettant, une partie de sa puissance productive : le travail d'une génération est entièrement à refaire, l'harmonie de l'ensemble, la bonne organisation générale, tout se trouve brisé.

Quant à la culture, elle reste stationnaire dans les bons cantons où on fait usage d'instruments perfectionnés qui en réduisent les frais; mais, par contre, elle se restreint dans les mauvais, en montagne surtout, où on abandonne les parcelles éloignées pour ne cultiver que les plus proches et les meilleures. De 1881 à 1891, la population a diminué de 9,316 habitants dans les arrondissements de Die, de Montélimar et de Nyons, ne s'étant accrue que de 1,972 dans celui de Valence, et encore n'est-ce qu'au profit des villes; aussi, en raison de l'augmentation forcée de la main-d'œuvre qui en est la conséquence, cherche-t-on à n'exploiter que ce que l'on peut cultiver soi-même, car il n'est guère possible de songer là à l'emploi d'instruments dont on peut se servir avec profit dans les plaines.

MODES D'EXPLOITATION.

Faire valoir direct. Métayage. Fermage. — *Importance relative des divers modes. Leurs causes.* — En ce qui concerne les modes d'exploitation, on constate que, dans la zone de l'olivier et dans le nord de celle de la vigne, 80 p. 100 des domaines sont cultivés directement par leurs propriétaires. Cette proportion descend à 70 p. 100 dans l'arrondissement de Montélimar, mais elle atteint 92 p. 100 dans la région montagneuse.

Dans les meilleurs cantons du nord du département, et qui ne sont guère qu'au nombre de trois, il y a 15 p. 100 de fermiers et 5 p. 100 de métayers; dans ceux dont la fertilité est moins grande, la proportion est renversée, et là où, comme dans le sud de cette région de la vigne, il y a beaucoup de terrains médiocres, on a 25 p. 100 de métayers et 5 p. 100 de fermiers. Dans la zone de l'olivier, les métayers sont un peu plus nombreux que les fermiers, et dans la région montagneuse, il n'y a presque pas de ces derniers.

Il est facile de déduire de cet état de choses que le fermage n'existe que là où le cultivateur peut avoir quelques avances et où la qualité du sol lui assure une certaine stabilité dans ses récoltes.

Il y a lieu de signaler ici l'aléa des récoltes dans un département dont la partie méridionale est exposée à la sécheresse et où la région montagneuse, déboisée et aride, subit l'influence d'un climat où de brusques variations se font sentir.

Comme conséquence de cette situation, le tenancier est, en général, dans la Drôme, un cultivateur peu aisé; aussi le propriétaire a-t-il plus de chances de retirer quelques revenus de son domaine en prenant un métayer qu'un fermier. De son côté, celui-là court beaucoup moins de risques, de sorte que si le bailleur est intelligent, les deux parties y trouvent avantage. Au surplus, le métayer est peu ambitieux et il ne demande souvent qu'à pouvoir vivre avec sa famille sur la propriété.

Conditions des contrats. — *Métayage.* — Dans les zones de l'olivier et de la vigne, les baux sont de 4, 6 ou 9 ans, et une clause de repentir à mi-terme y est quelquefois insérée. Ils sont rarement écrits.

L'entrée en jouissance a généralement lieu à la Toussaint, plus rarement à la Saint-Martin (11 novembre).

Le métayer exécute tous les travaux; néanmoins, lorsque le battage se fait à la machine, chacune des parties supporte la moitié des dépenses. Le bétail et les semences sont ordinairement fournis par moitié, sauf cependant dans la zone de l'olivier où les animaux appartiennent souvent au bailleur. Les engrais complémentaires se payent par moitié, mais il arrive fréquemment que le propriétaire est obligé d'en solder les deux tiers. Les frais de bourrelier et de maréchal sont à la charge du métayer, lequel se réserve quelquefois un petit nombre de journées d'attelage, qu'il fait au dehors pour se procurer l'argent nécessaire au payement de ces notes. Pour les vers à soie, la graine est payée par moitié et parfois aussi le charbon. Pour les vignes, le propriétaire fournit le sulfate de cuivre et le métayer fait les traitements. Le bailleur se réserve aussi quelques journées d'attelage pour des travaux extérieurs.

Toutes les récoltes se partagent, sauf celles nécessaires à l'alimentation du bétail; les petites pommes de terre et les menus grains sont réservés dans ce but. Avant le partage des grains, on prélève ce qui est nécessaire pour semer. Le croît du bétail se partage. Les produits du jardin sont entièrement pour le métayer, lequel n'en doit cependant faire que pour son usage. Si les fourrages ne suffisent pas et qu'il faille en acheter, l'acquisition s'en fait par moitié.

En ce qui concerne la basse-cour, le métayer donne vingt œufs par poule non couveuse et il partage les poulets avec le propriétaire. Le preneur peut avoir une chèvre en donnant la moitié des chevreaux ainsi que du fromage en quantité déterminée, ou 5 francs et la moitié des chevreaux, ou encore 8 francs pour toute redevance. Souvent, comme dans ce dernier cas, le métayer paye pour jouir seul des produits de la basse-cour.

A la fin du bail, on partage les fourrages qui se trouvent en plus de ceux qu'il y avait à l'entrée.

Dans la région montagneuse, les baux durent de 8 à 10 ans avec clause de repentir à mi-terme. L'entrée en jouissance a lieu à la Toussaint et quelquefois au 25 mars.

Le propriétaire fournit le plus souvent tout le cheptel vivant, et une grande partie du cheptel mort, les instruments aratoires entre autres. Les semences sont fournies par le métayer, mais quelquefois aussi par moitié. Les arbres à planter sont à la charge du bailleur, mais les prestations et l'entretien du cheptel mort sont à celle du preneur. Si on emploie des engrais chimiques, le métayer exige parfois que le propriétaire en paye les trois quarts. En cas de mauvaise récolte, celui-ci doit à son métayer le blé et les autres denrées qui lui sont nécessaires. Tous les travaux sont faits par le preneur. On partage toutes les récoltes, sauf celles qui sont nécessaires à la nourriture du bétail. Le croît des animaux se partage, mais parfois aussi le métayer paye une rente fixe pour le troupeau et la basse-cour.

Fermage. — Dans la zone de l'olivier, les baux ont une durée de 8 à 9 ans et commencent d'ordinaire au 1er novembre. Le prix de ferme est de 50 à 80 francs par hectare de terre labourable, les pacages ne se louant que de 3 à 5 francs.

On défend de semer des céréales pendant deux années consécutives, et, à la sortie, le fermier doit laisser en pailles, fourrages secs et terres ensemencées les mêmes quantités et étendues que celles trouvées en entrant.

Dans la zone de la vigne, les baux ont une durée de 6, 8 ou 9 ans, et ils contiennent assez souvent une clause de repentir qui permet de leur faire prendre fin au bout de trois ou quatre ans.

L'époque de l'entrée en jouissance des fermiers est la même que pour les métayers.

Le prix de location est de 90 francs en moyenne par hectare dans les meilleurs cantons, 60 à 80 francs dans ceux où le sol est un peu moins bon, 50 francs au pied de la montagne et 30 francs dans les parties sèches du sud du département.

Le fermier doit avoir une quantité de bétail proportionnée à l'étendue du domaine; il doit convenablement entretenir les arbres et en planter un certain nombre qui lui sont fournis par le propriétaire.

Il ne peut, là aussi, redoubler une culture de céréales qu'en fumant, à moins cependant que ce ne soit sur un défrichement de luzerne ou de sainfoin.

Il doit faire consommer tous les foins et pailles, et n'en peut vendre que du consentement du propriétaire.

Il est tenu de laisser à sa sortie, en fourrages artificiels, la même étendue que celle qu'il a trouvée à l'entrée, et d'en avoir toujours la même surface minimum en cours de bail.

En ce qui concerne les céréales, le fermier sortant sème avant son départ le froment, l'avoine et le seigle sur les terres qui correspondent à l'assolement convenu. Il fait la moisson et le battage à frais communs avec le fermier entrant, et le partage des grains a lieu après prélèvement des semences employées. Ces conditions de sortie, ainsi que celles qui se rapportent à la culture, sont d'ailleurs appliquées d'une façon analogue dans le cas du métayage.

Dans la région montagneuse, le cheptel vif appartient souvent au propriétaire, ainsi qu'une partie du cheptel mort. Le tout est estimé à l'entrée et doit être rendu en valeur à la sortie.

Les baux sont de huit ans, avec clause réciproque de repentir à mi-terme, et la prise de possession a lieu à la Toussaint, parfois au 25 mars.

Le prix de ferme est généralement de 15 à 30 francs par hectare de terre labourable, bâtiments compris, sauf dans le Vercors où il est de 40 à 50 francs. Les pacages ne sont loués que de 3 à 5 francs dans la plupart des cas.

Les conditions culturales et celles qui règlent la sortie sont les mêmes que dans la zone de l'olivier.

Pour compléter ce qui est relatif au fermage, il convient d'ajouter que, dans tout le département, les terres détachées se louent plus cher, et, quant aux redevances en nature, elles sont habituellement insignifiantes, ne consistant simplement qu'en quelques produits de basse-cour.

Rôle et situation de l'exploitant. — *Propriétaire.* — A de très rares exceptions près, le propriétaire exploitant travaille journellement à la tête de son personnel, tout en s'occupant de la direction de la culture.

Dans la zone de l'olivier, le propriétaire intelligent, qui cultive de bonnes terres, qui n'a pas de dettes ni de revers, peut facilement faire face à ses affaires; mais il économise moitié moins environ qu'il y a vingt ou trente ans.

Dans les plaines de l'ouest, notamment vers le nord, la situation du propriétaire actif est relativement aisée, surtout s'il a quelques vignes; néanmoins les sommes mises de côté sont petites. Par contre, dans les parties graveleuses, sèches, où on ne peut cultiver que la vigne et le mûrier, cette situation est beaucoup moins bonne. Il y a cependant une tendance à l'amélioration, grâce à l'élevage du mouton.

En montagne, sauf dans le canton de la Chapelle-en-Vercors, où les propriétaires sont dans une aisance relative, ils sont, pour la plupart, dans un état précaire, car beaucoup sont endettés; mais ils se trouvent encore dans une position passable s'ils n'ont pas de dettes ou trop de charges. A force de travail, d'ordre et de privations, certains font quelques petites économies, les autres se déclarent satisfaits lorsqu'il peut y avoir simplement équilibre entre les recettes et les dépenses.

Métayer. — A moins d'être secondé par un propriétaire intelligent, le métayer n'a qu'une situation des plus médiocres. Le tout petit tenancier n'a même ni avances, ni crédit, et il est obligé de travailler de temps à autre chez les voisins pour avoir quelque argent.

Fermier. — Parmi les fermiers, ceux qui réussissent sont rares, et il n'y a que dans les bonnes situations du nord du département qu'ils font quelques économies, bien qu'il leur arrive d'être en retard pour le payement de leurs termes.

Presque partout ailleurs dans la plaine, ils s'estiment heureux s'ils peuvent payer régulièrement leur fermage. Dans la montagne, beaucoup ne font que vivre sur le domaine et ceux qui finissent par acquérir leur cheptel se rangent au nombre des mieux partagés.

Les métayers et les fermiers de la Drôme ont plus souffert de la crise séricicole et phylloxérique que les propriétaires, car ils sont, pour la plupart, routiniers, sans activité, aimant à fréquenter les foires et les marchés où ils perdent leur temps et dépensent leur argent.

D'une manière générale, le produit brut a augmenté, mais le revenu net a diminué. La situation est donc actuellement difficile pour ceux qui sont obligés d'avoir un personnel salarié. Toute proportion gardée, les petits cultivateurs, faisant leur travail par eux-mêmes, se sont mieux maintenus que les moyens et les grands, quoique un certain nombre parmi eux n'aient pas d'entrain, qualité si précieuse aujourd'hui; aussi nous garderons-nous bien de dire que, dans la Drôme tout au moins, la petite culture est supérieure à la grande, ayant maintes fois constaté qu'elle n'y produisait pas davantage et que ce n'était pas d'elle que venait le progrès.

Conditions d'existence. — *Propriétaire.* Dans les meilleures parties du département, le propriétaire, même le plus riche, est extrêmement frugal. La soupe, le pain de froment, les pommes de terre, le lard, la salade, les œufs, le fromage, le laitage et l'eau rougie constituent le fond de son alimentation.

Dans l'est de l'arrondissement de Montélimar et dans la zone de l'olivier, il vit en se privant souvent de vin et de viande fraîche qui lui seraient cependant si nécessaires.

A la montagne, les conditions sont dures pour ceux qui tiennent à faire honneur à leurs affaires. Ne consommant que le strict nécessaire, ils vivent pour ainsi dire exclusivement des produits du domaine, car ils ne boivent que fort peu de vin qu'ils sont dans l'obligation d'acheter.

On remarque cependant que la généralité s'entretient mieux qu'autrefois.

Dans quelque région qu'on le considère, le propriétaire de la Drôme est sobre, rangé, ouvert, honnête, serviable. L'initiative lui manque un peu; mais après les fléaux qui l'ont successivement frappé et l'ont laissé quelque temps abattu, il est jusqu'à un certain point excusable. On peut aussi lui reprocher une pointe de suffisance commune à presque tous les praticiens; malgré cela, ce n'en est pas moins un homme vraiment intéressant.

Métayer et fermier. — Quant aux métayers et aux fermiers, ils vivent eux aussi très modestement, c'est-à-dire comme les petits propriétaires.

Le vin leur fait souvent défaut, et ils n'en boivent un peu avec de l'eau qu'au moment des gros travaux ou des fortes chaleurs. C'est là une privation extrêmement sensible à nos cultivateurs, car un grand nombre d'entre eux en avaient naguère à discrétion en quelque sorte, et ils n'en faisaient pas abus.

D'autre part, la gêne les rend sinon timides, du moins pessimistes, et le découragement les empêche de sortir de l'ornière de la routine.

Progrès réalisés. — Vers le nord du département, et aussi là où, grâce à l'emploi des engrais chimiques, on a cultivé une plus grande étendue de fourrages artificiels, on constate un certain progrès sous le rapport des conditions d'existence; mais si l'esprit de luxe s'est étendu, c'est souvent au détriment des économies. L'aisance s'est aussi accrue dans les parties sablonneuses où on a pu cultiver la vigne indigène sans traitements insecticides et profiter des quelques années de hauts prix des vins. Il en est de même de la région pastorale du Vercors; mais partout ailleurs — et c'est malheureusement le cas le plus général — on ne peut dire que la situation de l'exploitant soit meilleure aujourd'hui qu'il y a dix ans, les améliorations culturales partielles ne faisant pas compensation aux bas prix de la plupart des récoltes et à la disparition de certaines autres [1].

De telles difficultés font perdre le goût de la terre et en détournent les bras et les capitaux; aussi comme l'agriculture est la source vraie de la richesse nationale, et la pépinière la plus solide de l'armée, qui est la sauvegarde du pays, rien ne doit être négligé de ce qui peut enrayer son amoindrissement et contribuer à la ramener vers un état plus prospère.

MAIN-D'OEUVRE.

Domestiques à gages. — Les domestiques à gages se louent presque toujours à l'année, car ce n'est guère que dans la montagne qu'ils le font quelquefois pour les six ou sept mois de la belle saison.

L'époque où commence l'engagement varie suivant les régions. Dans celle de l'olivier, c'est au 1er novembre; dans celle de la vigne et du mûrier, c'est au 24 juin; tandis que dans la zone des pâturages et des pacages, c'est au 25 mars, au 25 avril, au 1er mai, et quelquefois au 29 septembre, au 1er novembre et au 25 décembre.

Les gages sont les suivants :

	ZONES DE L'OLIVIER ET DES PÂTURAGES.	ZONE DE LA VIGNE.
Adulte	250 à 300 francs.	300 à 350 francs.
Jeune homme de 15 à 16 ans	120 à 150	150 à 180
Jeune homme de 18 ans	180 à 200	200 à 250
Servante adulte	150 à 200	200 à 250

Dans les environs de Valence et de Romans, on paye les domestiques adultes jusqu'à 380 et 400 francs.

Ce n'est que dans des cas tout à fait particuliers que le personnel a un intérêt dans les résultats financiers de l'exploitation.

Abstraction faite de quelques grandes propriétés, les domestiques sont nourris comme le maître et à sa table, la nourriture étant meilleure qu'autrefois. Les hommes sont logés dans les étables ou les écuries afin de veiller sur le bétail, ou encore dans les greniers à foin où des lits ont été disposés. Les femmes ont une chambre dans la maison habitée par la famille de l'exploitant.

Presque tous les domestiques étant jeunes et célibataires, ils sont généralement bien et proprement vêtus.

[1] La dépréciation de l'argent blanc joue un rôle important dans la diminution de valeur de certains produits agricoles. Le prix de la soie en est particulièrement affecté.

Le travail dure depuis le lever jusqu'au coucher du soleil, sauf le temps consacré aux repas. Il y a une heure de repos en été au milieu du jour, ce qui fait une durée effective de douze à treize heures en été, onze à douze au printemps et en automne, et huit en hiver. Pendant l'éducation des vers à soie, la fenaison et la moisson, le travail dure quelquefois quatorze heures.

Journaliers. — Non nourris, les hommes reçoivent les salaires suivants pour les travaux courants :

	Zones		
	De l'olivier.	De la vigne.	Des pâturages.
	—	—	—
Temps ordinaire	2f 25 à 2f 50	2f 50 à 3f 00	2f 00 à 2f 25
Moissons	3 25 à 3 75	4 00 à 6 00	3 00 à 3 25
Hiver	1 75 à 2 00	2 00 à 2 25	1 75 à 2 00

Le prix moyen est de 0 fr. 25 par heure de travail effectif en toute saison.

Comme journalières, les femmes sont assez peu employées aux travaux de la culture.

Dans la plaine, les journaliers se nourrissent habituellement, tandis qu'on les nourrit à la montagne. Si on les nourrit, le prix de la journée est diminué de 0 fr. 75 à 1 franc.

En temps de moisson, les prix sont augmentés de 1 franc; quelquefois même ils sont doublés.

Il n'est pas dans les usages de donner beaucoup de travaux à tâche; cependant, si le cas se présente, les principaux sont exécutés aux prix ci-après :

Fauchage des prairies naturelles	12f 00 à 16f 00	par hectare.
Fauchage, fanage et mise en meules sur le pré	28 00 à 36 00	
Fauchage des prairies artificielles	9 00 à 12 00	
Fauchage, fanage et mise en meules sur le champ	21 00 à 28 00	
Coupe des céréales à la faux	8 00 à 12 00	
Coupe des céréales à la faucille	15 00 à 18 00	
Coupe, liage, mise en gerbiers ou en dizeaux	20 00 à 25 00	
Cueillette de feuilles de mûrier	2 50 à 3 00	les 100 kilogr.
Récolte des olives	2 50 à 3 00	
Défoncements à 0m,55 — 0m,60 de profondeur	0 05 à 0 10	le mètre carré.
Fossés pour la vigne de 0m,60 de largeur sur 0m,50 de prof.	0 06 à 0 10	le mètre court.
Travaux des vignes à l'Hermitage (journal de 500 souches).	5 00	par journal.
Coupes de bois	2 50	par 100 fagots.

La plupart des journaliers possèdent ou afferment quelques terres qui les occupent quand ils ne travaillent pas chez autrui. Ils vivent modestement et sobrement de pain de froment, soupe, pommes de terre, lard, haricots, ne buvant que rarement du vin s'ils n'en récoltent pas. Un grand nombre sont presque misérables et tous ne font que de très petites économies, lorsqu'ils en font, ce qui dépend surtout d'ailleurs de l'ordre qui règne dans leur ménage et de leurs charges de famille. Ils habitent dans des locaux modestes qui leur appartiennent ou qu'ils louent pour 30 à 60 francs par an. Ils ont de deux à quatre pièces suivant l'importance de la famille.

Presque tous les journaliers, principalement les jeunes, savent lire et écrire, guère plus; car leurs parents étant gênés, ils ont quitté l'école de bonne heure pour être occupés à la garde des troupeaux. On remarque malheureusement que ceux qui en savent davantage ont une tendance à abandonner la campagne pour la ville.

Acquisitions des gens à gages. — Les domestiques rangés qui restent longtemps dans la même maison s'y constituent des économies; ils se marient assez tard et achètent à ce moment une toute petite propriété. Ces cas deviennent plus rares, l'obligation du service militaire étant un obstacle à un séjour ininterrompu dans un domaine.

Les journaliers qui possèdent déjà des terres en acquièrent quelquefois de nouvelles, parce qu'ils ont là de petits revenus; par contre, il est très rare que ceux qui n'en ont pas arrivent à la propriété, à cause du peu d'économies qu'ils peuvent réaliser, étant donné le nombre de jours de chômage occasionnés par les intempéries. Dans la plupart des cas, le journalier se contente de vivre et d'élever sa famille.

Améliorations constatées. — Depuis dix ans, on constate un certain progrès dans la situation des journaliers et des domestiques. C'est ainsi que, tout en vivant sobrement, la nourriture est meilleure, mais le vin manque souvent depuis la perte des vignes. Le logement est plus propre : journaliers et domestiques sont mieux habillés et mieux tenus. Les familles sont en général moins nombreuses; les enfants sont mieux soignés et leur instruction est moins négligée; on les met au travail à un âge plus avancé, tout en cherchant à les placer dans les villes plutôt que d'en faire des cultivateurs.

En résumé, l'amélioration n'est peut-être pas considérable, mais elle existe cependant.

IX. — ENCOURAGEMENTS À L'AGRICULTURE ET ENSEIGNEMENT AGRICOLE.

Encouragements de l'État. — En dehors des traitements du professeur départemental et d'un professeur d'arrondissement, les encouragements de l'État, pour l'exercice 1892, ont consisté en primes à la sériciculture, en subventions à la Société des agriculteurs, à la Société hippique, ainsi qu'au syndicat institué en vue de l'établissement de prairies modèles dans le périmètre du canal de la Bourne. Les sacrifices ainsi consentis se sont montés à la somme de 605,793 francs.

Si nous y ajoutons la garantie payée pour les canaux de la Bourne et de Pierrelatte, et si nous admettons que le chiffre des subventions accordées aux syndicats de traitement des vignes phylloxérées soit le même qu'en 1891, un nouveau sacrifice de 430,605 francs s'ajoutera au précédent, d'où il résultera qu'en 1892 l'État aura consacré 1,036,288 francs en faveur de l'agriculture de la Drôme.

En 1882, il n'avait dépensé que 288,728 francs pour traitement du professeur départemental, subventions à la Société des agriculteurs, aux comités d'études et de vigilance et aux syndicats phylloxériques, ainsi que pour garantie d'intérêts d'entreprises d'irrigation.

Encouragements du département. — De son côté, le département consacre 5,100 francs (budget de 1892) à des encouragements agricoles, somme sur laquelle 1,200 francs proviennent des intérêts du capital généreusement légué par MM. Meynot, et sont destinés à des bourses d'études.

Ces 5,100 francs sont ainsi employés : bourses en faveur des élèves des écoles d'agriculture, 1,800 francs; subvention pour le reboisement des montagnes, 1,000 fr.; encouragement à l'industrie chevaline, 500 francs; primes pour la destruction des animaux nuisibles, 600 francs; frais de tournées du professeur départemental d'agriculture, 1,200 francs.

En 1882, les dépenses du même chapitre étaient de 4,000 francs.

Encouragements des communes. — Les communes s'imposent de la façon suivante :

Valence : 400 francs pour leçons d'agriculture à l'école primaire supérieure de garçons; Romans : 600 francs, pour leçons au collège et à l'école primaire supérieure; Bourg-de-Péage : 200 francs, pour leçons à l'école primaire supérieure; Nyons : 600 francs, pour frais de tournées du professeur d'arrondissement et entretien d'un champ d'expériences. En 1882, la commune de Valence s'imposa de 3,000 francs à titre de subvention à un concours agricole.

Associations agricoles et syndicats professionnels. — La Drôme ne possède qu'une société d'agriculture, mais on y compte 27 syndicats professionnels et 36 syndicats de défense des vignobles.

La première de ces associations rayonne dans tout le département et a pour but de vulgariser les bonnes méthodes et de défendre les intérêts de l'agriculture. Elle a institué un important champ d'expériences consacré à des études de reconstitution et de défense des vignobles, à des essais d'irrigation et d'engrais chimiques, ainsi qu'à des cultures diverses. Elle tient des séances, publie un bulletin mensuel, organise des écoles de greffage sur divers points, distribue des primes d'encouragement, ainsi que des semences de choix et des vignes résistantes greffées ou non, etc.

Ses membres sont au nombre de 1,020. La cotisation annuelle est de 6 francs et son budget comprend, en outre, la subvention accordée par l'État, et spécialement affectée à des expériences agricoles. Son fonctionnement est satisfaisant.

Les syndicats professionnels ont surtout pour but l'achat en commun des engrais chimiques, des matières et outils nécessaires à l'agriculture, ainsi que la vente des produits du sol. Ils comprennent 6,620 membres. Vingt-deux de ces syndicats, comprenant 5,300 adhérents, sont groupés sous le nom d'*Union des syndicats des agriculteurs de la Drôme*, qui elle-même fait partie de l'*Union des syndicats agricoles du Sud-Est* dont le siège est à Lyon.

Au total, ils ont fait pour 520,000 francs d'acquisitions au cours de la campagne agricole de 1892.

Les syndicats professionnels n'ont qu'une cotisation de 2 à 3 francs par membre. Lorsqu'ils n'en ont pas — ce qui existe pour quelques-uns — leur budget est alimenté par un prélèvement de 2 à 4 p. 100 sur le montant des achats ou des ventes.

Leurs ressources annuelles, qui sont de 17,000 francs environ, sont consacrées à la constitution d'un fonds de réserve, à la location de magasins et à la publication d'un bulletin mensuel, ce dernier n'étant cependant servi qu'aux membres des syndicats groupés dans l'Union précitée.

Afin d'avoir un crédit indiscutable, tous les syndicats de la Drôme ont admis, dès le début, la responsabilité collective de leurs adhérents; néanmoins, cette solidarité, qui est réelle pour les tiers, n'est que fictive entre les associés, les payements devant être effectués au comptant lors des livraisons.

Leur fonctionnement est régulier, au moins pour les achats; car l'organisation des ventes présente beaucoup plus de difficultés, qui ont fait que ces ventes n'ont donné lieu, jusqu'ici, qu'à un chiffre d'affaires relativement faible. C'est en grande partie grâce à ces associations issues de la loi si libérale du 21 mars 1884 que, directement ou indirectement, les engrais complémentaires se sont si rapidement vulgarisés dans le département.

Les syndicats de défense de la vigne ont traité 1,607 hect. 75 et reçu une allocation de 32,155 francs, au cours du dernier exercice clos.

Le budget est alimenté par une faible cotisation. Possédant un outillage commun, les adhérents emploient le sulfure de carbone dans les conditions les plus économiques possibles. La marche de ces syndicats est aussi bonne qu'on puisse le désirer.

En 1882, la Société des agriculteurs ne comptait que 176 membres et elle existait seule avec 7 syndicats viticoles.

Enseignement agricole. — Il n'y a dans le département ni école d'agriculture, ni ferme-école; mais il résulte des renseignements fournis par M. l'inspecteur d'Académie que des leçons d'agriculture ont été données dans les établissements ci-après, pendant l'année scolaire 1891-1892 :

A l'École normale	d'instituteurs de Valence, à	26 élèves.
	d'intitutrices (sériciculture), à	8
Aux collèges de Romans et de Nyons, à		49
Dans 8 écoles primaires supérieures, dont 1 de filles, à		279
Dans 156 écoles primaires élémentaires, à		2,404
Total		2,766

Les conférences aux adultes sont faites par le professeur départemental. Celles de la dernière année scolaire, au nombre de 31, ont réuni 5,450 auditeurs ou une moyenne de 180 par réunion.

En outre, des leçons ont été données par le professeur spécial de l'arrondissement de Nyons dans diverses communes. Seize séances ont été suivies par une moyenne de 130 auditeurs et par un total de 2,080.

Établissements de recherches. — Il n'a été créé dans la Drôme ni laboratoire agricole, ni station agronomique.

Champs d'expériences et de démonstration. — Un champ d'expériences, d'une étendue de quatre hectares, a été institué depuis 1879 par la Société des agriculteurs. Ainsi que nous l'avons déjà dit, il est consacré à des études viticoles, à des expériences de vinification, à des essais d'irrigation et d'engrais chimiques, à des cultures de céréales en lignes, à des plantations d'arbres fruitiers, à l'apiculture mobiliste, etc. Les observations faites sont portées à la connaissance des cultivateurs par la voie du bulletin de l'association et les semences ainsi que les plants disponibles sont distribués gratuitement chaque année dans le département.

Le budget des dépenses s'élève à 7,000 francs environ.

Les résultats obtenus sont bons, et visités comme ils le sont par un nombreux public, ces essais influent certainement sur le développement du progrès dans la région.

Le champ d'expériences de Nyons, qui occupe une surface de trente ares, est consacré à l'étude de l'action des engrais chimiques et à des essais de cépages américains. Les dépenses annuelles s'élèvent à 400 francs environ; mais la création de ce champ est trop récente pour qu'on puisse dès maintenant porter un jugement sur les résultats obtenus.

Jusqu'à présent, il n'a pas été organisé de champs officiels de démonstration; néanmoins de nombreux essais particuliers en tiennent lieu dans une certaine mesure.

Un syndicat s'est récemment formé pour créer douze prairies modèles dans le périmètre du canal d'irrigation de la Bourne. Il serait actuellement prématuré de s'étendre sur cette œuvre nouvelle, appelée sans aucun doute à montrer aux arrosants que les échecs éprouvés par un grand nombre d'entre eux peuvent être évités lorsque toutes les précautions sont prises pour assurer la distribution régulière des eaux et en rendre l'emploi aussi fécond que rémunérateur.

Telle est résumée la situation présente de l'agriculture de la Drôme. L'exposé qui précède est la condensation d'un nombre considérable de documents dus à la collaboration dévouée de cent cinquante cultivateurs des mieux qualifiés du pays, ainsi qu'à celle de MM. les chefs des principaux services du département. Il est, de plus, le résultat de douze ans d'observations personnelles et celui d'une année de travail et de recherches ininterrompus.

Soutenu par notre amour du progrès et de la vérité, nous avons mis toute notre activité à bien remplir cette lourde tâche; et, s'il ne nous a malheureusement pas toujours été possible de présenter notre agriculture départementale sous un jour flatteur, nous avons du moins la satisfaction intime et profonde de l'avoir dépeinte telle qu'elle était, c'est-à-dire souvent hésitante et cherchant sa voie au milieu du désastre qui a emporté la garance, le ver à soie, la vigne, et successivement tari les sources mêmes de son ancienne et modeste aisance.

www.ingramcontent.com/pod-product-compliance
Ingram Content Group UK Ltd.
Pitfield, Milton Keynes, MK11 3LW, UK
UKHW021013200726
13857UKWH00004B/1429

9 782012 972704